Rainer Feldbrügge
Barbara Brecht-Hadrashek

Prozessmanagement leicht gemacht

Rainer Feldbrügge
Barbara Brecht-Hadrashek

Prozessmanagement

leicht gemacht

Geschäftsprozesse analysieren
und gestalten

REDLINE WIRTSCHAFT

Bibliografische Information der Deutschen Nationalbibliothek

Die Deutsche Nationalbibliothek verzeichnet diese Publikation in der Deutschen Nationalbibliografie.
Detaillierte bibliografische Daten sind im Internet über http://dnb.d-nb.de abrufbar.

ISBN: 978-3-636-01555-6

Unsere Web-Adresse:
www.redline-wirtschaft.de

2., aktualisierte Auflage 2008

Umschlaggestaltung: Schröder Design, Leipzig
Satz: Jürgen Echter, Landsberg am Lech
Druck: CPI – Ebner & Spiegel, Ulm
Printed in Germany

Inhaltsverzeichnis

Geleitwort zur 1. Auflage

Es bedarf einer gewissen Portion Mut, wenn man heute das Unternehmen wagt und ein Buch zum Thema Prozessmanagement schreibt. Denn es ist nicht das erste auf dem Markt. Aber gerade Mut zeichnete die Autorin und den Autor dieses Buches schon immer aus – insbesondere als wir uns gemeinsam vor drei Jahren daranmachten und einen Online-Kurs zu diesem Thema konzipierten, entwickelten und schließlich einem breiten Publikum anboten. Beide waren Pioniere bei der inhaltlichen Aufbereitung des Themas, bei der didaktischen Gestaltung und bei der methodischen Umsetzung. Und auch für uns, das Team von www.business-wissen.de, war die technische Realisierung Pionierarbeit. Wir wussten, dass Prozesse das Nervensystem einer jeden Organisation sind. Nur wer seine Prozesse richtig definiert, gestaltet und lebt, kann Kunden zufriedenstellen, kann neue Produkte und Dienstleistungen entwickeln, hat Kosten und Qualität im Griff und vermeidet bei seinen eigenen Mitarbeitern Frustration, die dann entsteht, wenn mal wieder alles nicht so läuft, wie es soll. Eine besondere Aufgabe war es, diese komplexe betriebliche Aufgabe des Prozessmanagements in einem Online-Kurs abzubilden. Sollte es gelingen, dieses Thema in die virtuelle Welt zu übertragen? Konnten wir den Prozessmanagern in den Unternehmen vermitteln, dass sie das Handwerkszeug im Internet so lernen können, dass sie es direkt bei ihrer Arbeit umsetzen können? Es gelang – vor allem durch die sehr intensive, fachlich fundierte und sehr persönliche Art, mit der Barbara Brecht-Hadraschek und Rainer Feldbrügge die Kursteilnehmer betreuten und immer wieder motivierten.

Der Online-Kurs auf www.business-wissen.de wurde zum großen Erfolg. Und das wünsche ich auch diesem Buch, das letztlich daraus entstanden ist. Die vielen Fallbeispiele, die hilfreichen Arbeitsvorlagen, die vertiefenden Übungen und nicht zuletzt ein anregendes Planspiel werden sicherlich das Ihrige dazu beitragen. Erfolg wünsche ich außerdem den mutigen Lesern, die hier anschaulich lernen, wie man Prozesse in Organisationen analysiert, gestaltet und optimiert. Denn es ist eine anstrengende Arbeit, die in den Unternehmen immer wieder auf Widerstände stößt, die Veränderungsbereitschaft voraussetzt und die deshalb von den Prozessmanagern Beharrlichkeit und eben Mut fordert.

Karlsruhe, im Mai 2005
Dr. Jürgen Fleig
Leiter business-wissen.de

Vorwort

Dieses Buch ist die in über 200 Seiten gegossene Erfahrung aus verschiedenen Beratungsprojekten der letzten Jahre. Für uns war es immer wieder verblüffend, wie schnell und einfach das Verständniskonzept der fünf Aspekte eines Geschäftsprozesses Klarheit in die verworrensten Unternehmensorganisationen bringt. Die vornehmste Aufgabe der Unternehmensberatung ist, Fragen zu stellen – Fragen über Fragen. Der beste Berater ist der, der keine Fragen beantwortet, sie aber so zu stellen weiß, dass sein Klient den Schlüssel zu seinen Problemen selbst findet. Ein gutes theoretisches Konzept für alle Geschäftsprozesse ist dazu das beste Rüstzeug in jeder Lebenslage. Auf dem Weg zum ersten Termin eines neuen Projekts stellt man sich immer wieder die Frage, ob das flaue Gefühl im Bauch von der Fliegerei oder vom Lampenfieber herrührt, und quält sich mit bohrenden Fragen, ob man genügend über das Geschäftsmodell des Kunden recherchiert hat, um in der ersten Sitzung eine gute Figur abzugeben und Kompetenz auszustrahlen. Wie überall entscheiden die ersten Minuten. In diesen Minuten bemerkt man, wie die vorbereiteten Ergebnisse im Lichte der Realität verblassen und man sich wie Sokrates eingesteht: „Ich weiß, dass ich nichts weiß." Wohl dem, der jetzt ein Konzept zur Hand hat, mit den richtigen Fragen die richtigen Dinge ans Licht zu bringen und im Kreis der Teilnehmer die Lösungen klar und greifbar entstehen zu lassen. Wenn Ihnen am Ende der Lektüre mehr Fragen durch den Kopf gehen als Antworten, dann hat dieses Buch einen wichtigen Beitrag zur Problemlösung geleistet.

Danksagung

Großer Dank geht an Karina Matejcek, die mehr als eine exzellente Lektorin für uns ist. Ohne sie würde es das Buch nicht geben. Dr. Jürgen Fleig und das Team von business-wissen.de haben ebenso einen großen Anteil an der Entstehung des Buches – kam doch von ihrer Seite der ursprüngliche Impuls, das Praxiswissen in Form eines Online-Workshops auf ihrer Plattform zu präsentieren. Die Erfahrungen und Rückmeldungen von business-wissen.de und vieler Workshopteilnehmer der letzten drei Jahre sind in dieses Buch eingeflossen.

Barbara Brecht-Hadraschek
Dr. Rainer Feldbrügge

Bedanken möchte ich mich bei Ines Bock und Jörg Heuer von der IQM Europe GmbH, sie haben mich in der Zeit der Manuskriptproduktion geduldig unterstützt und die Nerven bewahrt, wenn andere Dinge liegen bleiben mussten.

Ganz lieber Dank geht an meinen Mann, Stephan Hadraschek, der immer Ruhe und Kraft für mich ausgestrahlt hat und an mich und das Projekt jeden Moment geglaubt hat. Seine Zuversicht hat mich über weite Strecken getragen.

Barbara Brecht-Hadraschek
Berlin und Witten, im Mai 2008

Teil 1: Einführung: Wozu ist Prozessmanagement gut?

In diesem Kapitel lesen Sie, worum es im Prozessmanagement geht und was es in Ihrem Unternehmen bringen kann. Sie lernen die Definitionen von den grundlegenden Prozessmanagementbegriffen kennen: Was ist ein Prozess? Was ein Kunde, was ein Lieferant, was Input und Output? Und wir zeigen Ihnen ein allgemeines Vorgehensmodell, mit dem Sie mit Ihren Mitarbeitern Prozessmanagement-Projekte erfolgreich umsetzen können.

Prozessmanagement kommt ins Spiel, wenn mehrere Personen mit verschiedenen Aktivitäten an einem gemeinsamen Ziel arbeiten sollen. Das Zusammenspiel der Personen steht im Mittelpunkt. Wir verbessern die Qualität dieser Zusammenarbeit, indem wir vor allem folgenden Fragen nachgehen:

- Sind alle notwendigen Aufgaben berücksichtigt, um das Ziel des Prozesses zu erreichen?
- Werden die Aufgaben in der richtigen Reihenfolge erledigt?
- Sind die verschiedenen Aufgaben optimal auf Personen und Abteilungen verteilt?
- Ist der Informationsfluss von einem Bearbeiter zum anderen in Ordnung?

Natürlich verbergen sich hinter den Leitfragen des Prozessmanagements zahlreiche Detailaufgaben – aber die erste Hürde zur Erklärung ist damit sicher genommen.

Was ist ein Prozess?

Ein Prozess ist eine Kette von zusammenhängenden Aktivitäten, die gemeinsam einen Kundennutzen schaffen.

Beachten Sie die beiden Punkte der Definition: Es geht immer um eine Mehrzahl von Aufgaben (und dabei immer um eine Mehrzahl von Personen) – und es geht immer um einen Kundennutzen. Prozesse können darin unterschieden werden, ob sie unternehmensübergreifend, abteilungsübergreifend oder personenübergreifend sind. Wichtig ist aber: Prozesse orientieren sich am Kunden. Ihr Fokus liegt auf der Erfüllung von Kundenbedürfnissen. Ohne Kunde kein Prozess. Welche Leistungen in den Prozessen erzeugt werden, bestimmen die Anforderungen, Bedürfnisse und Erwartungen der Kunden.

1.1 Kunden eines Prozesses

Wenn Sie in einem Zusammenhang den Kundennutzen nicht formulieren können, stellen Sie gar nicht erst die Frage nach dem Prozess. Wollen Sie also einen Prozess untersuchen, heißt Ihre erste Frage immer: „Wer ist der Kunde meines Prozesses?"

Es gibt zwei Kundengruppen:

1. externe Kunden und
2. interne Kunden.

Externe Kunden sind meist die offensichtlichen Kunden: die potenziellen Abnehmer und Anwender der Produkte und Dienstleistungen eines Unternehmens. Oft sind das die Endkunden, die im Kaufhausregal nach einer Dose Mais greifen, in einer Bank ein Konto eröffnen oder in einem Geschäft eine Bestellung aufgeben. In einem Küchenstudio beginnt der Geschäftsprozess z. B. beim Kunden, der eine bestimmte Küche in Auftrag gibt, also mit einem Kundenauftrag. Der Prozess endet mit der Auslieferung und dem Aufbau der Küche in der Wohnung des Kunden. Dabei integriert der Geschäftsprozess „Kundenauftragsabwicklung" des Küchenstudios alle erforderlichen Aktivitäten, wie Fertigung, Beschaffung oder Rechnungsstellung – er ist also in viele Teilprozesse untergliedert.

Auch Zwischenhändler oder Einkäufer sind externe Kunden. Diese kaufen ein Produkt nicht für sich selbst, sondern um es weiterzuverkaufen oder im Auftrag. Dann sind sowohl der Endnutzer als auch der Einkäufer externe Kunden des Prozesses. Der Einkäufer benötigt Informationen, um seine Kaufentscheidung fundiert treffen zu können. Die Anwender/Nutzer möchten ein gutes, nützliches Produkt. Den Käufer einer Schrankwand interessiert in erster Linie, dass sein neues Möbelstück in seinem Wohnzimmer gut aussieht und praktischen Stauraum hat. Vom Hersteller erwartet er, dass genau sein Farbton in der Palette ist und die Elemente genau für seine Wohnzimmerecke kombiniert werden können. Für den Möbelhändler sind diese Aspekte enorm wichtig – ohne diese Features kann er die Möbel nicht an den Mann bringen. Um aber im Sortiment des Händlers zu landen, braucht es mehr: Wie schnell kann jede der möglichen Kombinationen von Form, Farbe und Ausstattung geliefert werden, wie viel Lagerhaltung ist nötig, um ein System aufzunehmen, wie ist die Verkaufspräsentation aufgebaut, um eine optimale Einrichtungsberatung zu unterstützen?

Ein Prozess hat also in der Regel mehrere Kunden. Diese Definition impliziert, dass ein Prozess unter Umständen die Interessen mehrerer verschiedener Kunden bedienen muss – Interessen, die im Einzelfall auch gegenläufig sein können. Der Arzt braucht ein Medikament, das er schnell und einfach verschreiben kann, der Apotheker ein Präparat mit einer hohen Umschlagshäufigkeit, der Patient schließlich wünscht sich die genau auf sein Zipperlein austarierte Pille mit sofortiger Wirkung und ohne lästige Nebenerscheinungen.

Nicht immer ist der externe Kunde, der eine Leistung des Unternehmens bezahlt, auch der Kunde des gerade betrachteten Prozesses. Auch interne Kunden haben Erwartungen an Leistungen und benötigen bestmögliche Qualität, damit sie das Beste für den Kunden „draußen" liefern können. Interne Kunden sind dann Abnehmer von Teilergebnissen, die sie wiederum in ihrem Prozess weiterverarbeiten. In einem Geschäftsprozess ist jeder Teilprozess Kunde des vorherigen und gleichzeitig Lieferant des folgenden Prozesses. Die Informatiker im Rechenzentrum haben so gut wie keinen Kontakt mit den Kunden ihres Unternehmens und es ist ihnen ziemlich gleich, ob das Haus Schokolade verkauft oder Waschmaschinen. Fährt aber ein Techniker die Datenbank gerade dann zur Wartung herunter, wenn die Kollegin im Call-Center einen aufgebrachten Kunden an der Strippe hat und ihn vertrösten muss, weil „unsere EDV gerade nicht funktioniert", dann schlägt seine Aktion unmittelbar auf den Kundenservice am Ende der Prozesskette durch.

Interne Kunden-Lieferanten-Beziehungen werden in der Praxis meistens nicht sehr intensiv gepflegt. Oft fehlt das Verständnis dafür, selbst Lieferant einer Leistung zu sein bzw. die Kollegen als Kunden eines Prozesses zu betrachten. IT-Prozesse zählen häufig zu dieser Kategorie. Vielerorts kontrollieren die Mandarine der Informationstechnik das Wohl und Wehe von Unternehmensprozessen und sind für die Anwender ihrer Applikationen unerreichbar hinter Sicherheitstüren verborgen.

1.2 Input und Output von Prozessen

Informationen und Materialien, die Ergebnis eines Prozesses sind, nennen wir Output. Der Kunde eines Prozesses erhält immer einen Output, das heißt das Produkt eines Prozesses. Ein Output kann eine Information sein, ein geprüftes Produkt, eine gelieferte Ware oder ein freigeschalteter Telefonanschluss.

Als messbare Eingaben (Input) werden Informationen und Materialien in den Prozess gegeben, die dann eine Kette von Tätigkeiten innerhalb des Prozesses auslösen.

Beispiele für Inputs in den Prozess können sein:

- rechnergebundene Daten
- Formulare
- Telefonanrufe
- Rohstoffe
- Zeichnungen

Ein Prozess ist eventuell selbst Kunde von Materialien und Informationen eines vorausgehenden Prozesses. Er erhält also Leistungen, an die er bestimmte Anforderungen stellt. Gleichzeitig ist der Prozess Verarbeiter der erhaltenen Leistungen. Schließlich ist er Lieferant eines Outputs für weitere interne oder externe Kunden.

Natürlich werden Prozess-Inputs auch von unternehmensexternen Lieferanten bereitgestellt. Das gilt zum Beispiel für Beschaffungsprozesse, in denen Lieferketten über mindestens eine Unternehmensgrenze hinweg bestehen. Erhält ein Prozess schlechte Input-Qualität von seinen Lieferanten, kann das zu Fehlern und Kosten im Prozess führen.

1.3 Die Ziele im Prozessmanagement

Jetzt wissen Sie, was ein Prozess, ein Input, ein Output und was ein Kunde ist, haben aber immer noch nicht geklärt, wozu Prozessmanagement gut ist. Die Ziele des Prozessmanagements sind in vier Forderungen zu erklären:

- Mit der Erwartung an die **Effektivität** drücken wir aus, dass ein Prozess den richtigen Output zur richtigen Zeit am richtigen Ort zum richtigen Preis liefern muss. Der Maßstab für Effektivität ist die Erwartung des Kunden. **Effizienz** ist ein Maß für die optimale Nutzung von Ressourcen wie Material, Maschinen, Arbeitszeit, Raum und Geld. Dahinter steht das Wirtschaftlichkeitsprinzip: maximaler Output bei minimalem Ressourceneinsatz.
- Bei ständig veränderten Kundenerwartungen und technischen Möglichkeiten ist die **Flexibilität** eines Prozesses enorm wichtig. Der Ablauf muss schnell und zuverlässig an veränderte Rahmenbedingungen angepasst werden können und elastisch gegenüber Ausnahmen und Unwägbarkeiten reagieren.
- **Schnelligkeit** bzw. **Pünktlichkeit** entscheiden darüber, ob der Prozess innerhalb gesetzter Zeitrahmen erledigt wird. Insbesondere Wartezeiten zwischen den einzelnen Stationen des Prozesses sind zu vermeiden.

Die Methoden des Prozessmanagements orientieren sich daran, dass der Prozess diese Forderungen erfüllt. In der Diagnose geht es darum, die Prozesse im Unternehmen erkennbar zu machen und festzustellen, ob sie diesen Anforderungen genügen.

Sie werden in den folgenden Kapiteln einen Untersuchungsrahmen kennenlernen, mit dem Sie gezielt die Prozesse erkennen und Ihren Optimierungsbedarf aufdecken, ohne sich in einer groß angelegten Analyse des Unternehmens zu verlieren.

1.4 Was bringt Prozessmanagement konkret?

Welchen konkreten Nutzen erhält ein Unternehmen, wenn es an seinen Prozessen arbeitet? **Qualität** und **Produktivität.** Prozessmanagement ist der Kern einer jeden Qualitätsverbesserung – die Reduktion von Fehlleistungen, Ausschuss und Verzögerungen sind der direkte Nutzen. Produktionsunternehmen haben vorgemacht, wie sie mit einfachen Methoden der Prozesssteuerung Quoten von unter 1 Fehler pro 100.000 Teile realisieren. Der Gewinn liegt auf der Hand: Sie sparen Kosten durch die Verringerung der Ausschussproduktion. Die Kunden nutzen die Zuverlässigkeit, denn sie wissen, dass keine Fehlteile in ihren Produktionsablauf geraten. Kosten, die durch Korrekturen und Nacharbeit entstehen, fallen weg – ebenso die Liquiditätslücke, wenn Kunden erst bei erfolgter Nachbesserung ihre Ware bezahlen wollen.

Nun ist Qualitätsmanagement seit Jahren in aller Munde, aber die professionelle Steuerung von Prozessen im Unternehmen hat noch immer nicht die Runde gemacht. Die meisten Unternehmen, die ihr Qualitätsmanagement (QM) mit einem Zertifikat nach ISO 9001 bescheinigen, haben dies nicht der Qualität wegen getan, sondern weil Großkunden das Zertifikat zur Bedingung einer Zusammenarbeit gemacht haben. Qualitätsmanagement wurde so reduziert auf die Erfüllung von 20 QM-Elementen aus der ISO 9001. Die einseitige Betonung der Qualitätsdokumente und ihrer Lenkung in der ISO-Norm hat diese Tendenz zur Papierlastigkeit von QM-Anstrengungen unterstützt.

Die Neufassung der Norm im Jahr 2000 hat diesen Mangel teilweise korrigiert. Die Definition von Prozessen für alle qualitätsrelevanten Tätigkeiten im Unternehmen und die Verbesserung dieser Prozesse erhält deutlich mehr Gewicht gegenüber dem alten QM-Handbuch. Das Interesse am Prozessmanagement wird demnach zunehmen. Ob damit aber in Zukunft alle Unternehmen, die am Zertifikat interessiert sind, wirklich die Verbesserung der Qualität im Schilde führen, bleibt weiterhin zu bezweifeln.

Wer Qualität mit Prozessmanagement realisiert, wird den Nutzen in Form verringerter Leerzeiten, Ressourcenverschwendung und Ausschussproduktion sehen, freut sich über geringere Kapitalbindung dank kürzerer Durchlaufzeiten und spart Kosten für unnötige Lagerkapazitäten. Seine Kunden danken die größere Flexibilität und Kundenorientierung, die verbesserte Kommunikation und Schnelligkeit mit langfristiger Treue zum Unternehmen.

Auch für die Controlling-Abteilungen ist im Prozessmanagement-Kuchen ein interessantes Stück dabei: Die Kalkulation von Stückkosten und die Aufteilung von Gemeinkosten ist mit den Methoden des Prozessmanagements wesentlich genauer und zielorientierter, als es über die klassische Kostenstellenmethode möglich war.

1.5 Einsatzgebiete

Wann nutzen Unternehmen die Methoden des Prozessmanagements? Prozessmanagement kommt vor allem in folgenden Situationen zur Anwendung:

- Einführung von Qualitätsmanagementsystemen
- Einführung von Systemen zur Unternehmensplanung und Kundenbetreuung (ERP und CRM)
- Probleme mit der eingesetzten Unternehmenssoftware
- Unternehmenszusammenschlüsse
- Strategische Neuausrichtung von Unternehmen

Qualitätsmanagement

Der erste Anwendungsfall ist bereits erwähnt worden: die Zertifizierung nach ISO 9001. Richtig motiviert und professionell ausgeführt kann die anstehende Zertifizierung ein sehr guter Motor für das Qualitätsmanagement im Unternehmen sein. Hermann Schmelzer und Wolfgang Sesselmann stellen in ihrem Buch „Geschäftsprozessmanagement in der Praxis“ fest, dass das Modell des prozessorientierten Qualitätsmanagements dazu beiträgt,

- die Anforderungen der Kunden und Interessengruppen zu verstehen und zu erfüllen,
- Prozesse aus Sicht der Wertschöpfung zu betrachten,
- wirksame Ergebnisse zu erzielen,
- Prozesse auf der Grundlage objektiver Messungen ständig zu verbessern.

Hauruck-Aktionen kurz vor dem Audit werden dagegen von der Belegschaft nicht ernst genommen und wirken eher kontraproduktiv.

Software-Einführungen

Die Einführung von Softwaresystemen zur Unternehmensplanung oder Kundenbetreuung (Enterprise Ressource Planning – ERP und Customer Relationship Management – CRM) erwarten eine klare Strukturierung von allen beteiligten Prozessen im Unternehmen. Diese Programme können die Verfügbarkeit aller Informationen im Unternehmen immens beschleunigen und damit die Prozesse verbessern, die auf diese Informationen angewiesen sind. Ohne Prozessstruktur beschleunigen sie nur das Chaos. Scheinbare Probleme mit EDV-Programmen zur Dokumentation und Abrechnung von Leistungen oder zur Verwaltung der Materialwirtschaft sind in Wirklichkeit Schwächen im internen Prozessablauf. Ein schlecht strukturierter Prozess mit zahlreichen manuellen Übergaben, Medienbrüchen und unklaren Zuständigkeiten kann selbst mit der besten EDV nicht optimal unterstützt werden. (Das soll nicht heißen, dass es nicht auch schlechte EDV-Systeme gibt – aber die Problemlösung liegt in der Übereinstimmung der im Unternehmen geführten mit den vom System dargestellten Geschäftsprozesse.)

„Mergers & Acquisitions"

Bei Unternehmenszusammenschlüssen wird immer wieder die Synergie als Zauberwort bemüht. Gemeint ist der gemeinsame Nutzen beider zusammengeschlossener Teile von der Kraft eines Unternehmens. Das setzt aber voraus, dass beide Unternehmen die Tätigkeiten auf einen abgestimmten Prozess ausrichten, sonst geht der gewünschte Synergieeffekt in Reibungen und Brüchen unter – die Folge sind höhere Aufwände gegenüber den getrennt arbeitenden Unternehmen. Prozessanalyse ist also bei Unternehmenszusammenschlüssen immer erforderlich.

Reengineering

Schließlich die „großen" Prozessprojekte – Reengineering genannt: Hier geht es um die strategische Ausrichtung des Unternehmens. Sind die Tätigkeiten überhaupt auf den richtigen Kunden und seine Bedürfnisse ausgerichtet? Im Reengineering wird die Organisation des Unternehmens vom Kopf auf die Füße gestellt. Besonders bei der Umwandlung früherer (öffentlicher oder monopolistischer) Versorgungseinrichtungen zu wettbewerbsorientierten und auf Gewinn angewiesenen Unternehmen ist dieses Umkrempeln unausweichlich. Diese Veränderungen brauchen Zeit und sind immer wieder von Rückschlägen begleitet – zu diesem Kapitel kann gewiss jeder aus persönlichen Erfahrungsberichten im Bekanntenkreis ein abendfüllendes Programm zusammenstellen.

1.6 Ein allgemeines Vorgehensmodell

Wie läuft ein Projekt zum Prozessmanagement ab?

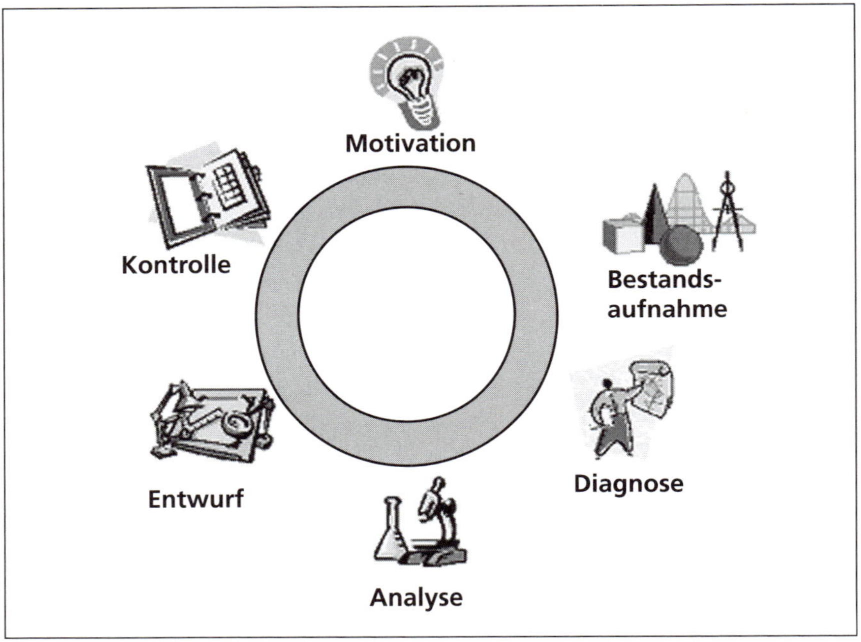

Abb. 1.1:Allgemeines Vorgehensmodell

Die Vielzahl der verschiedenen Anwendungsbereiche und die Verschiedenartigkeit der Prozesse macht bereits deutlich, dass es keinen feststehenden Ablauf für Prozessverbesserungsprojekte gibt. Ein klassisches Ablaufmuster kann aber für alle dargestellt werden:

1. **Motivation:** Klären und kommunizieren Sie die Ziele und Erwartungen an das Projekt. Wie wollen Sie vorgehen? Die Ziele können häufig am Anfang nur allgemein umschrieben werden und werden im Verlauf des Projekts konkretisiert.
2. **Bestandsaufnahme der Prozesse:** Stellen Sie fest, welche Prozesse für das Unternehmen von Bedeutung sind und welche in dem aktuellen Projekt zur Verbesserung anstehen.

3. **Diagnose:** Dokumentieren Sie den derzeit gültigen Ablauf, die Informationsstrukturen und Zuständigkeiten. Messen Sie die Prozessperformance im Vergleich zu den genannten Zielen. Erstellen Sie ein verständliches Prozessmodell.
4. **Analyse der Abweichungen von Zielwerten:** Die Diagnose wird aufzeigen, in welchen Punkten die aktuellen Prozesse den Anforderungen des Unternehmens nicht gerecht werden. Die Anwendung von Ursache-Wirkungs-Analysen und die Verwendung von gängigen Lösungsmustern helfen, die Ursachen von Schwachstellen zu finden und abzustellen.
5. **Entwurf eines verbesserten Prozessablaufs:** Entwickeln Sie Alternativen für einen verbesserten Prozess, bewerten Sie die beste Lösung – und präsentieren Sie sie. Entwerfen Sie einen Stufenplan zur Umsetzung.
6. **Kontrolle:** Installieren Sie Maßnahmen zur Messung der Prozessverbesserung und legen Sie fest, an welchen Meilensteinen und bei welchen Abweichungen vom erwarteten Fortschritt Korrekturmaßnahmen ergriffen werden sollen. Der Ablauf entspricht im Groben dem bekannten PDCA-Zyklus von Qualitätsguru W. E. Deming: Er predigte eine stetige Folge von „Plan, Do, Control, Act“ – Elementen, die sich im hier vorgestellten Ablauf alle wiederfinden.

Nach diesem Konzept ist auch unser Buch aufgebaut – Sie können Schritt für Schritt Ihre Prozesse beschreiben, analysieren, Optimierungsbedarf diagnostizieren – und Verbesserungen umsetzen und überprüfen.

1.7 Ein Fallbeispiel aus der Praxis: Projektteams, Paten und Prozesse

Für ein Trainings- und Beratungsprojekt in der Pharmabranche sind wir nach diesem allgemeinen Vorgehensmodell vorgegangen, haben es aber erweitert und an die Bedürfnisse des Unternehmens und seiner Mitarbeiter angepasst. Ausgangslage war ein Pharmaunternehmen, das sich umfassend umstrukturieren wollte. Prozessmanagement bzw. der Wandel zu einer prozessorientierten Organisation des traditionell eher naturwissenschaftlich geprägten Standorts war vom Management als Weg identifiziert worden, um Verbesserungen der Kerngrößen Qualität, Kosten und Flexibilität zu erreichen. Die Mitarbeiter sollten einerseits motiviert werden für die Veränderungen, aber auch mit einbezogen werden in die Prozessmanagement-Arbeit. Sie benötigten also aktiv einsetzbares Prozessmanagement-Know-how.

Pilotphase

In einer dreimonatigen Pilotphase haben sich 21 Mitarbeiter zu „Prozessmanagement-Experten“ weitergebildet. Dieser Teilnehmerkreis rekrutierte sich aus zukünftigen Prozesslinien-Verantwortlichen: Abteilungsleiter, Personaler und Mitarbeiter aus den Bereichen Finance und Controlling. Sie sollten später als Multiplikatoren die Umstrukturierung in der Firma aktiv begleiten und promoten. Etwa die Hälfte der Mitarbeiter aus dieser Pilotphase wurden zu direkten Verantwortlichen für zwölf Prozessprojekte in der nächsten Prozessmanagement-Welle, die wenige Monate später startete.

Vorbereitende Phase: Motivation, Klärung der Ziele

Das zweite Prozessmanagement-Projekt wurde in einem Workshop in drei Schritten vorbereitet:

1. Die Schlüsselprozesse wurden festgelegt.
2. Die Prozesspaten wurden benannt.
3. Prozessteams wurden gebildet.

In dem Workshop identifizierten die Prozesslinien-Verantwortlichen und Abteilungsleiter die Prozesse, die ihnen „besonders unter den Nägeln brannten“. Zwölf Prozesse wurden aus der Menge von gut 50 Vorschlägen herausgearbeitet. Kriterien der Auswahl waren:

1. **Ambitionierte, aber realistische Ziele:** Die Prozesse sollten innerhalb eines halben Jahres ihre Ziele erreichen können.
2. **Methoden:** Die Prozesse mussten mit den Instrumentarien des Prozessmanagements optimierbar sein.
3. **Kostenspareffekte:** Die Verbesserung der Prozesse sollten einen echten Benefit an Zeit- und Kostenspareffekten bringen.

Für die ausgewählten Prozesse wurden jetzt zwölf **„Prozesspaten"** benannt. Aufgabe der Paten war es dann, ein Prozessteam zusammenzustellen, ihr Team zu coachen und zu führen, Hindernisse zu beseitigen und zu motivieren. Die Prozesspaten sollten bereits in diesem Prozess arbeiten und Verantwortung für diesen Prozess haben. Sie mussten Führungsqualitäten und Sozialkompetenz mitbringen.

Eine zentrale Bedeutung bei jedem Prozessmanagement-Projekt kommt der **Geschäftsleitung** zu. Sie muss als Sponsor der Projekte klar kommunizieren: Das hat jetzt Priorität 1! Nur dadurch wird den Mitarbeitern von Beginn an klar, dass die Veränderungen wichtig sind und durchgesetzt werden.

In einer zweiten Runde wurden jetzt für jedes der zwölf Projekte jeweils drei **Mitarbeiter** ausgewählt, die an dem Prozessprojekt arbeiten sollten. Die Mitarbeiter sollten inhaltlich fit sein, von einer Verbesserung des Prozesses profitieren – Stichwort Motivation – und sich gegen Widerstände durchsetzen können. Die Teams wurden interdisziplinär und abteilungsübergreifend zusammengesetzt. So wurden auch Prozesskunden und -lieferanten mit in die Teams eingebunden. Außerdem Mitarbeiter aus der Produktion, aber auch aus Finance und Qualitätsmanagement. Gleichzeitig sollten diese Mitarbeiter grundsätzlich offen sein für Veränderungen – und bereit sein, diese auch umzusetzen.

Hier kommt auch die wichtige Rolle des Prozesspaten zum Tragen. Er muss sein Team coachen, beraten, motivieren. Er muss helfen, Widerstände anzugehen – und seinem Team den Rücken stärken. Gleichzeitig muss er darauf achten, dass die Ziele des Projekts nicht aus dem Blickwinkel geraten.

Das Besondere an diesem Prozessprojekt gegenüber anderen war: Die Mitarbeiter selbst waren die Akteure des Prozessmanagements. Die Teams haben die ersten Arbeitsschritte im Projekt zwar unter Anleitung getan, haben sich aber zwischen den Workshops selbstständig organisiert. Zwischenergebnisse wurden in einem Online-Forum zur Diskussion gestellt: Die anderen Teams, aber vor allem die Coachs gaben hier ständig Rückmeldungen. Die Coachs sind zu Anfang mit in den Betrieb gegangen und haben die Teams auch bei ihrer Recherchearbeit unterstützt. Sie haben aber nicht wie

Unternehmensberater diese Recherche für das Unternehmen erledigt. Die Akteure der Veränderungsprozesse waren immer die Teams der Projekte.

Wir werden in den folgenden Kapiteln ein bisschen aus dem Nähkästchen plaudern und Ihnen von besonders interessanten und erfolgreichen Projekten aus unserer Beratungspraxis und aus diesem Prozessprojekt berichten.

In jedem Kapitel finden Sie am Ende Übungen und Verständnisfragen, die Sie für sich selbst, aber auch zur Qualifizierung Ihrer Prozessteams verwenden können. Am Ende des Kapitels finden Sie unsere Lösungsvorschläge – und die ausführliche Beschreibung eines Planspiels, das wir für unsere Trainingsprojekte entwickelt haben. Unser Buch versteht sich also klar als Buch für die Praxis. Es ist kein Buch für Ihr Bücherregal, sondern eines, das wir uns versehen mit vielen gelben Zetteln und zerlesen auf Ihrem Schreibtisch wünschen – weil es Sie täglich bei Ihren Prozessmanagement-Projekten begleitet.

Teil 2: Die fünf Aspekte eines Geschäftsprozesses

In diesem Kapitel lesen Sie, wie Sie das Konzept der fünf Aspekte des Geschäftsprozesses für Ihre Analyse nutzen können. Mit den fünf Aspekten haben Sie eine gute „Checkliste", mit der Sie die richtigen Fragen stellen – und sich so schnell und sicher einen ersten Überblick über Ihren Prozess verschaffen können. Denn: Nichts ist so praktisch wie eine gute Theorie.

Ein theoretisches Konzept hilft uns, unsere Umwelt mit ihren vielen Facetten in einer für uns nützlichen Ordnung zu verstehen. Für den Geschäftsprozess verwenden wir das Konzept der fünf Aspekte. Die verschiedenen Aspekte geben uns Aufschluss über einzelne Merkmale des Prozesses und bieten gleich den Ansatz zur Optimierung. Ein Geschäftsprozess kann in den folgenden fünf Aspekten dargestellt werden:

1. **Steuerungsaspekt:** Was wird wann und warum getan?
2. **Organisationsaspekt:** Wer erledigt wo welche Tätigkeit?
3. **Informationsaspekt:** Welche Informationen werden wie weitergegeben?
4. **Kontrollaspekt:** Erreicht der Prozess sein Ziel?
5. **Sicherheitsaspekt:** Wer darf was im Prozess?

Die folgende Tabelle stellt die Informationen zusammen, die wir in den verschiedenen Aspekten eines Prozesses ins Auge fassen müssen.

2.1 Steuerungsaspekt: Tätigkeiten und Reihenfolge

Dieser Blickwinkel hilft uns, die Arbeit eines Prozesses ins Auge zu fassen. Wir wollen wissen, was wann und warum getan wird, um den Output des Prozesses zu erreichen.

Aspekt	**Informationen**
Steuerung	• Kunden des Prozesses • erwarteter Output • wertschöpfende Tätigkeiten • nicht wertschöpfende Tätigkeiten • unnütze Tätigkeiten • Reihenfolge der Aufgaben • mögliche Parallelität von Aufgaben • bedingte Ausführung von Arbeitsschritten
Organisation	• organisatorischer Aufbau des Unternehmens • Voraussetzungen für Aktivitäten: Qualifikation, Werkzeuge, Berechtigungen, geografische Verfügbarkeit • Übergaben im Prozess • Übergaben über Abteilungen
Information	• interner Input • externer Input • interner Output • externer Output • Medien, Medienbrüche • Definitionen, Begriffe
Kontrolle	• Kennzahlen: Anzahl, Durchlaufzeit, Pünktlichkeit, Qualität, Kosten
Sicherheit	• Initiierung • Lese- und Schreibrechte • Abbruch • Entscheidungen

2.1.1 Wer ist der Kunde?

Das setzt natürlich voraus, dass wir uns über den gewünschten Output eines Prozesses Klarheit verschaffen, und das bringt uns zurück auf die erste Frage aus der Einführung: „Wer ist der Kunde?“ An dieser Stelle müssen wir bereits Prioritäten setzen, wenn verschiedene Kundengruppen in Betracht kommen – und das ist fast immer der Fall.

Die Sache mit dem Kunden ist dabei nicht immer so eindeutig. Schwierig wird es vor allem, wenn nur ein Kunde offensichtlich ist, andere Interessen aber – quasi verdeckt – die Erwartungen an den Prozess bestimmen. Schauen wir zum Beispiel in die öffentlichen Verwaltungen: Der Kunde des Prozesses „Bauantrag bearbeiten" ist offensichtlich: der angehende Bauherr mit seiner Zeichnung natürlich. Der Prozess ist aber nicht darauf optimiert, den Bauwilligen bestmöglich zu bedienen – diesen Eindruck gewinnt jedenfalls so mancher Bauherr.

Ist deshalb der Prozess schlecht organisiert? Es kann durchaus sein, dass der Prozess der Verbesserung bedarf, aber dieses Kriterium allein liefert ein unvollständiges Bild. Kunden dieses Prozesses sind alle, die ein Interesse an dem Bau – respektive an der Verhinderung des Baues – haben. Kunden sind auch die Gerichte, die über eine eventuell angefochtene Entscheidung befinden müssen.

Und hier kommt die knifflige Aufgabe zum Vorschein: Auch die Mitarbeiter im Bauordnungsamt würden die Frage nach dem Kunden spontan mit „der Bauwillige" beantworten. Dieser Kunde steht schließlich leibhaftig vor ihnen. Vielleicht denkt der eine oder andere schnell weiter und führt auch die anderen Interessenten ins Spiel. Tatsächlich orientieren alle aber ihr Tun und Lassen an dem dritten Kunden, den keiner nennt – dem Verwaltungsgericht.

Bevor wir jetzt diskutieren, wie gerichtsfest Bauordnungsentscheidungen sein müssen, ziehen wir ein Fazit des Beispiels: Es genügt nie, sich auf den offensichtlichen Kunden zu konzentrieren!

Listen Sie also zunächst alle Kunden eines Prozesses auf. Sammeln Sie Kundeninteressen, bevor Sie den Output und seine Qualität festlegen. Bestimmen Sie die Prioritäten und entscheiden Sie dann, welcher Output für den Prozess als wichtig betrachtet wird. Welchen Output erwarten die Kunden vom Prozess und an welchen Qualitätskriterien messen sie diesen Output? Wenn klar ist, „was hinten herauskommt", dann gehen wir Schritt für Schritt durch den Prozess zurück und fragen: Was ist notwendig, um diesen Output zu erreichen?

2.1.2 „Wertschöpfung“ und „Verschwendung“

Dieses Vorgehen – vom Output ausgehend Schritt für Schritt den Prozess zurückverfolgen – liefert schnell und zuverlässig einen Überblick über die notwendigen Arbeiten, die zusammen den Prozess bilden. Am Beispiel eines Versandhandels erkennen wir aber leicht, dass diese Tätigkeiten nicht den ganzen Prozess ausmachen.

Der Kunde des Versandhandelsunternehmens erwartet seine Ware – schnell und unversehrt ins Haus gebracht – und eine transparente Abrechnung: der Output.

Als Unternehmen benötigen wir dazu als Bausteine

- einen schnellen Transportweg,
- eine sichere Verpackung,
- die Ware selbst,
- eine saubere Dokumentation von Bestellungen, Zahlungen, Rücksendungen etc.

Was ist zu tun, damit die einzelnen Bausteine des Outputs rechtzeitig bereitstehen?

Die Bestellung dokumentieren, den Preis berechnen, die Ware aus dem Lager entnehmen, die richtige Verpackung aussuchen, die Ware verpacken, das Paket adressieren, die Ware versenden: die wertschöpfenden Arbeiten. Der Ablauf wird natürlich im realen Leben noch etwas genauer aufgeschlüsselt.

Das folgende einfache Prozessdiagramm eignet sich für einen ersten Überblick des Prozesses. Es stellt die wesentlichen Schritte dar und bietet die Möglichkeit, ergänzende Bemerkungen zu einzelnen Schritten einzufügen. Eine Präsentation mit einer Folie pro Arbeitsschritt dient als Zusammenfassung der wichtigsten Ergebnisse für einen Prozess. Ein solches Diagramm ist unter geringem Aufwand mit allen Präsentationsprogrammen zu erstellen.

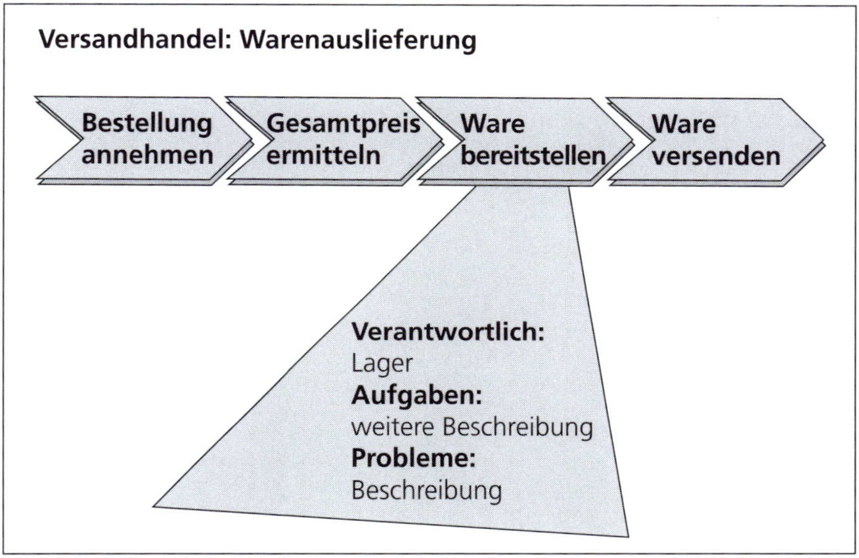

Abb. 2.1: Prozess Versandhandel – Warenauslieferung

Dieses Verfahren führt zu einer Beschreibung von notwendigen Tätigkeiten, die uns dem Zielzustand näher bringen. Wir nennen solche Tätigkeiten wertschöpfende Arbeit (neudeutsch: value added work). Vergleichen wir aber jetzt diese Wertschöpfungskette mit dem tatsächlichen Ablauf in besagtem Versandhandelsunternehmen, stoßen wir auf zahlreiche Arbeitsschritte, die in diese Kette nicht hineinpassen: Listen pflegen, Tabellen abgleichen, Ware suchen, bei Kollegen rückfragen etc. Bei genauerem Hinsehen stellen wir fest, dass viele dieser Tätigkeiten regelmäßig ausgeführt werden, sie also zum festgelegten Ablauf des Prozesses gehören. Warum werden sie ausgeführt?

Der Vergleich einer idealisierten Wertschöpfungskette mit einem tatsächlichen Ablauf fördert nicht wertschöpfende Tätigkeiten zutage (ja, richtig erkannt: im Consulting-Deutsch non value added work genannt).

Den Puristen genügt diese Differenzierung: Es gibt nur „Wertschöpfung“ und „Verschwendung“ – alles, was nicht wertschöpfend ist, ist Verschwendung. Das klingt zwar besonders innovativ, bringt aber in der Praxis nicht viel. Wir bevorzugen eine Dreiteilung der beobachteten Tätigkeiten:

- wertschöpfende Arbeit
- nicht wertschöpfende Arbeit
- überflüssige Arbeit

Diese Kategorisierung hilft beim Verständnis von realen Prozessen weiter. Nicht wertschöpfende Tätigkeit kann nämlich nicht ganz vermieden werden, sie ist notwendig, auch wenn der Kunde nichts davon hat.

Zur Kategorisierung dient eine einfache Frage: Wären Sie als Kunde bereit, für diese Tätigkeit Geld zu bezahlen? Es ist ersichtlich, dass Kunden nur die erste Kategorie, die wertschöpfende Arbeit, zu schätzen wissen.

- Wertschöpfende Tätigkeiten („Arbeit für den Kunden"): Diese Arbeiten bringen dem Kunden direkten Nutzen (die Ware besorgen, die für den Kunden optimale Versandmöglichkeit finden, die Ware sicher verpacken und versenden, dem Kunden eine übersichtliche Darstellung seiner Rechnungs- und Zahlungspositionen erstellen ...).
- Nicht wertschöpfende Tätigkeiten („Arbeit für uns selbst"): Prüfungs- und Aktualisierungstätigkeiten im eigenen Unternehmen, die zwar nötig sind, dem Kunden aber nichts bringen (Lagerbestandsabfrage, Aktualisierung des Bestands, Sortieren der Aufträge nach Lieferant, Berechnen des Rohertrags, Abgleich zwischen Kundenauftrag und Lieferantenbestellung etc.). Tätigkeiten, die aus juristischen oder fiskalischen Gründen erforderlich sind, fallen auch in diese Kategorie („Arbeit für das Finanzamt").
- Unnütze Tätigkeiten („Arbeit für niemanden"): Häufig sind nicht wertschöpfende Tätigkeiten unnütz, weil keiner bemerkt, dass die seit Jahr und Tag wöchentlich mühevoll erstellte Statistik von niemandem gelesen oder zur Kenntnis genommen wird. Diese Form der Arbeit wird auch als Folklore-Prozess bezeichnet: Ihre einzige Legitimation besteht darin, dass „es schon immer so war".

Die Unterscheidung zwischen den beiden letzten Kategorien ist nicht immer leicht und kann für die beteiligten Personen unter Umständen verletzend sein – hier ist Fingerspitzengefühl gefragt. Unnütze Arbeit ist auch die wiederholte Ausführung nicht wertschöpfender Schritte (sehr häufig zu beobachten!). Niemand käme allerdings auf die Idee, wertschöpfende Arbeit zweimal zu tun.

Beispiel

Ein Hersteller von pharmazeutischen Diagnostika muss seine Präparate mit verschiedenen am Markt verwendeten Messgeräten testen und daraus so genannte Kalibrierungslisten erstellen. Die späteren Anwender der Präparate vergleichen ihre Laborergebnisse dann mit diesen Vorgaben. Klar, dass in diesem Kalibrierungsprozess allerhöchste Sorgfalt das Regiment führen muss. Wertschöpfende Arbeit also, weil die Präparate ohne die Kalibrierungslisten Sondermüll wären. Die gefundenen Messwerte werden im Labor in eine Excel-Datei eingetippt und ausgedruckt, das Papier wird an die Redaktion versandt und dort werden die Messwerte in ein Redaktionssystem übertragen. Um Tippfehler zu vermeiden, wird die fertige Liste ausgedruckt, zur Korrektur wieder ans Labor gegeben und kommt mit handschriftlichen Korrekturen versehen zurück. Erst wenn diese Korrekturen eingegeben sind, ist das Dokument fertig. Immer noch wertschöpfende Arbeit? Aus der Notwendigkeit einer strengen Kontrolle und hoher Sicherheit wird schnell ein Rattenschwanz mit nicht wertschöpfenden Tätigkeiten. Wenn alle Beteiligten sich zusammensetzen, finden sie schnell einen Kommunikationsweg, der die Fehlerursache – die Übertragungsfehler – eliminiert.

Im Steuerungsaspekt des Prozesses sehen wir also, welche wertschöpfenden Tätigkeiten erforderlich sind, welche nicht wertschöpfenden Arbeitsschritte ausgeführt werden und welche Tätigkeiten (wahrscheinlich) unnütz sind. Damit ist bereits ein wesentlicher Faktor der späteren Prozessoptimierung benannt: Konzentration auf die Wertschöpfung, Eliminierung der unnützen Tätigkeiten und womöglich Zusammenfassung und Vereinfachung von nicht wertschöpfenden Tätigkeiten.

Ausgehend vom Output: Welches sind die wertschöpfenden Tätigkeiten in Ihrem Prozess? Skizzieren Sie diese in Abfolge in einem ersten Prozessdiagramm. Welche Tätigkeiten sind nicht wertschöpfend, aber notwendig? Und welche sind unnütz? Notieren Sie sich diese in einer Tabelle.

2.1.3 Eins nach dem anderen oder alles gleichzeitig?

Eine zweite Erkenntnis im Steuerungsaspekt ist die zeitliche Abfolge der Arbeiten: Müssen alle Tätigkeiten hintereinander ausgeführt werden oder gibt es Möglichkeiten, Teile davon parallel zu erledigen? Sind immer alle Aufgaben auszuführen oder können einzelne Schritte in bestimmten Fällen unterbleiben?

Im Betrieb eines Rechenzentrums sind häufig Genehmigungsprozesse zu finden, wenn es um Arbeiten an produktiven Datenbanken geht. Ist ein Update der Datenbank erforderlich oder der „Umzug" auf einen anderen Server, wird es unweigerlich zu einer kurzen oder längeren Unterbrechung der Erreichbarkeit kommen. Das Rechenzentrum fordert dazu also im Voraus Genehmigungen der betroffenen Fachabteilungen ein. Weil dort entsprechende Terminpläne abzustimmen sind, kann das ein paar Tage dauern. Liegt die Genehmigung vor, planen die RZ-Betreiber ihre „Workorder" an der Datenbank. Auch sie haben einige Vorbereitungen wie Datensicherung, Bereitstellen einer Ausweichkapazität und Einplanung in den Arbeitsplan zu erledigen – es gehen also wieder einige Tage ins Land, bis die Arbeit tatsächlich ausgeführt werden kann.

Für die Flexibilität des RZ-Betriebs ist das kein gutes Zeichen, die Durchlaufzeit des Prozesses „Workorder" soll nachhaltig gesenkt werden. Die Recherche ergibt, dass nur in weniger als 5 Prozent aller Fälle die Genehmigung nicht für den geplanten Termin erteilt und stattdessen von Seiten der Fachabteilung eine Verschiebung erwirkt wurde. Würde man also, während man auf die Genehmigung wartet, bereits alle erforderlichen Vorarbeiten erledigen, dann könnten mehrere Tage an Durchlaufzeit eingespart werden. Das Risiko bedeutet im worst case, dass die Vorarbeiten vergeblich erbracht wurden, wenn die Workorder abgelehnt wird (dieser Fall stellte sich als äußerst selten heraus). Bei einer Terminverschiebung mussten gegebenenfalls einige Aufgaben (Datensicherung) erneut erledigt werden.

Die Parallelisierung von Aufgaben ist immer mit einem Risiko behaftet, insbesondere wenn parallel zu einer Prüf- oder Genehmigungsaktivität mit weiteren Arbeiten begonnen wird. Hier ist abzuwägen: Wie teuer ist einerseits das Risiko (die unnütz erbrachte Arbeit), wenn der Genehmigungsschritt negativ ausfällt? Wie selten tritt dieser Fall in der Praxis auf?

Zusammenfassung

Der Steuerungsaspekt liefert also folgende Informationen über den Prozess:

- Wer sind die Kunden des Prozesses?
- Welches ist der erwartete Output?
- Welches sind die wertschöpfenden Tätigkeiten zur Erreichung des Outputs?
- Welches sind nicht wertschöpfende Tätigkeiten, die mit der Leistung verbunden sind?
- Gibt es unnütze Tätigkeiten, die sich in den Prozess eingeschlichen haben?
- Wie ist die Reihenfolge der Aufgaben?
- Könnten Aufgaben parallel ausgeführt werden?
- Gibt es Arbeitsschritte, die nicht immer nötig wären?

2.2 Organisationsaspekt: Die richtige Person am rechten Ort

Im Organisationsaspekt fragen wir danach, wer die richtige Person für jede Tätigkeit ist und wo die Arbeit am besten erledigt wird. Das „Wo“ bezieht sich hier sowohl auf den geografischen Ort als auch auf die organisatorische Einordnung (Unternehmen, Abteilung, Team, Projekt etc.).

2.2.1 Aufbau des Unternehmens

Damit wir den Organisationsaspekt richtig verstehen, brauchen wir einen Überblick über den Aufbau der beteiligten Organisationen: Die Bereiche, Abteilungen und Teams werden in einem hierarchischen Organigramm am besten dargestellt. Ein Verzeichnis, wer zu welcher Organisationseinheit gehört und wer den jeweiligen Einheiten vorsteht, ist unabdingbar.

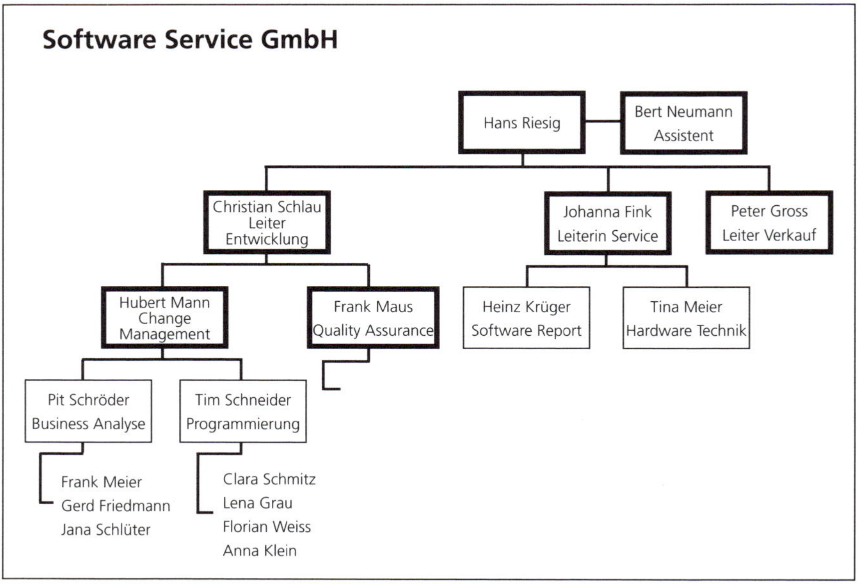

Abb. 2.2: Organigramm – Beispiel

Das Organigramm zeigt den Aufbau des Unternehmens und die hierarchische Gliederung. Die Linien verbinden den jeweiligen Vorgesetzten mit seinen Mitarbeitern. Die Symbole für die einzelnen Positionen können zusätzliche Bedeutung tragen. In diesem Bild stellen z. B. die dick umrandeten Boxen eine Kostenstellenverantwortung dar. Das Organigramm ist notwendig, um die einzelnen Positionen und Personen in der Organisation einzuordnen, der Prozess wird aber im Organigramm nicht deutlich.

Diese klassische Darstellung des Unternehmens genügt nur in seltenen Fällen, um den Prozess in seinem Organisationsaspekt zu verstehen. Oft ist die Zuständigkeit nicht an klaren organisatorischen Kriterien festzumachen, sondern an der persönlichen Erfahrung eines Experten oder an einem fachübergreifenden Team verschiedener Personen. Wenn wir die Organisation darstellen, müssen wir also auch solche formellen und informellen

Arbeitsgruppen und spezielle Rollen von einzelnen Personen erfassen. Auch mehrfache Anweisungs- und Berichtswege sind wichtig: Mitarbeiter also, die in der einen Angelegenheit ihre Weisung von einer Person, in anderen Angelegenheiten von einer anderen Person erhalten – solche Konflikte führen in der Praxis zu Problemen.

Diese Organisation „hinter“ dem offiziellen Organigramm tritt nicht unmittelbar zutage – es ist oft eine knifflige Aufgabe der Prozessanalyse, diese Dienstwege herauszuarbeiten.

Tabelle: „Prozesse und die beteiligten Organisationseinheiten“

	Netzwerktechnik	Personal	Vertrieb	Consulting	SW-Entwicklung	Quality Assurance	Change Management	SW-Support	Rechnungswesen	Sekretariat	Geschäftsführung	Betriebsrat
Mitarbeiter einstellen		V								M	I	M
Software bei Kunde installieren	M		I					V	M			
Änderungswunsch von Kunden bearbeiten			I	I	M	M	V	M				
Änderungen für Update festlegen			M	M			V	M			M	
Update testen					M	V	M					
Update ausliefern			M				I	M		M		

In dieser Tabelle sind die beobachteten Prozesse und die darin beteiligten Organisationseinheiten zusammengefasst. Die Darstellung schafft einen schnellen Überblick über die organisatorische Komplexität von einzelnen Prozessen. Die Kürzel in den Tabellenzellen stehen für I = Initiieren, M = Mitwirken, V = Verantwortlich.

So ist schnell zu sehen, dass bei der Einstellung eines neuen Mitarbeiters die Geschäftsleitung den Prozess initiiert, das Sekretariat und der Betriebsrat mitwirken und die Personalabteilung die Verantwortung für eine Entscheidung trägt.

2.2.2 Anforderungen an den idealen Bearbeiter

Ähnlich wie im Steuerungsaspekt können wir hier ein idealisiertes Bild zeichnen, das uns zeigt, wie der Prozess „eigentlich“ laufen könnte, und ein reales Bild, wo es um die aktuelle Organisation des Unternehmens geht. Die Differenz zwischen beiden Bildern ist der Tummelplatz für die Optimierung.

Zunächst das Idealbild: Hier verfahren wir wie im Steuerungsaspekt und fragen danach, was notwendig ist, um die einzelnen Arbeiten auszuführen:

- **Qualifikation:** Was muss eine Person wissen und können, um die Arbeit zu erledigen? Die Qualifikation darf man nicht zu eng fassen: Einen Ablauf nach Anweisung auszuführen genügt nicht immer – auch das Wissen um mögliche Sonderfälle und eventuelle Reaktionen ist gefragt. Sonst könnte die Anästhesie während einer Operation ohne Weiteres von einem Anästhesiepfleger verantwortet werden – er hat das schließlich gelernt und schon oft genug gemacht. Zum Glück ist das nicht so, dahinter steht immer ein entsprechend ausgebildeter Arzt (hoffen wir doch ...).
- **Gerät:** Welches Werkzeug, welches Programm ist für den Arbeitsschritt erforderlich, wo ist dieses Gerät vorhanden, wer kann es bedienen, wer entscheidet über seinen Einsatz?
- **Berechtigung:** Welche Berechtigung ist erforderlich, um den Arbeitsschritt auszuführen? Diese Frage bezieht sich in erster Linie auf Tätigkeiten, die einen bestimmten Zugangslevel für eine Software benötigen (um einen Benutzer im System anzulegen, braucht man z. B. Administrator-Rechte).
- **Entscheidungskompetenz:** Die meisten Entscheidungen (vor allem Anschaffungs- und Auszahlungsentscheidungen) sind an eine bestimmte hierarchische Einflussposition gebunden. Kostenstellenverantwortung, Projektverantwortung, Personalverantwortung werden hier festgehalten.

Im öffentlichen Dienst ist hier auch der Dienstgrad von Bedeutung – bestimmte hoheitliche Vorgänge dürfen nur von Personen des höheren Dienstes ausgeführt werden, auch wenn die Personen des gehobenen Dienstes dazu ebenso in der Lage wären.

Diese vier Kriterien zeigen uns, welche Arbeiten wo im Unternehmen (oder außerhalb) erbracht werden müssen. Sie zeigen auch, welche Arbeiten gegebenenfalls zusammengefasst werden können, weil das Anforderungsprofil an die Person gleich ist.

Beispiel

Eröffnet ein Kunde in einer Bank ein Girokonto, so initiiert der Bankberater am Beratungstisch den Prozess „Girokonto eröffnen". Er nimmt die Daten des Kunden und seine Wünsche auf (Kontoart, Kreditkarte, Verfügungsberechtigungen, Online-Banking etc.), prüft bei der Schufa die Bonität des Kunden und leitet den unterschriebenen Vertrag an das Backoffice. Dort werden die Kundendaten ins System eingegeben und das Konto angelegt, außerdem die EC- und Kreditkarten sowie die PINs und TANs für das Online-Banking bestellt. Will der Kunde auch noch ein höheres Kreditlimit, z. B. 10.000 Euro, für sein neues Konto, so fehlt dem Bankberater die erforderliche Entscheidungskompetenz, diesen Wunsch zu genehmigen. Dieser Antrag muss vom Filialleiter oder einem Serviceleiter mit entsprechenden Kompetenzen genehmigt werden.

Wenn wir das oben dargestellte Idealbild für einen Bankmitarbeiter entwerfen, fragen wir also: Was muss der Mitarbeiter können und wissen? Und welche Berechtigungen und Entscheidungsbefugnisse muss er haben?

Qualifikation: Jeder Bankmitarbeiter, der ein Konto für einen Kunden eröffnen will, muss über die grundlegenden Konditionen in seinem Haus informiert sein (Kontoführungsgebühren, Kosten für die Kreditkarte und Ähnliches). Er muss das Prozedere bei Neukunden kennen und wissen, wo Kontoeröffnungsanträge und Kreditkartenanträge liegen und was er hier ausfüllen muss. Das ist alles noch recht banal. Der Mitarbeiter muss auch wissen, wie er eine Schufa-Auskunft bekommt, und die notwendigen Logins und Passwörter kennen – und damit die Berechtigung haben für diese Anfragen.

Bei der Genehmigung des gewünschten Kreditrahmens kommt die Entscheidungskompetenz hinzu – die ist hierarchieabhängig und gestaffelt. Ein Schaltermitarbeiter darf vielleicht nur Kredite bis 5.000 Euro genehmigen, ein Filialleiter bis 20.000 und ein Kreditberater und ein Vorstand genehmigen noch mal ganz andere Summen (die ab einer bestimmten Höhe auch vom Aufsichtsrat abgesegnet werden müssen).

Zeichnen Sie das Idealbild für Ihren Prozessmitarbeiter auf: Welche Fähigkeiten muss er haben? Welche Maschinen muss er beispielsweise bedienen können? Welche Berechtigungen benötigt er (z. B. für eine bestimmte Software) und welche Entscheidungskompetenzen?

2.2.3 Dagegen die Realität

Zählen Sie, wie viele Personen in einem Prozess ihre Finger im Spiel haben. Wie oft wird ein Vorgang von einer Person an eine andere weitergegeben, wie oft kreuzt er dabei organisatorische oder geografische Grenzen? Manchmal beobachtet man auch ein Hin und Her zwischen zwei Stellen, wie beim Pingpong. Merke: Jede Übergabe ist eine Fehlerquelle, denn jedes Mal geht Information verloren, wird der Ablauf durch Liegezeit unterbrochen. Übergaben über Abteilungsgrenzen sind besonders schwierige Fehlerquellen, weil andere Vorgesetzte andere Prioritäten haben.

Das Diagramm (Abb. 2.3) zeigt die Übergaben zwischen den Abteilungen im Ablauf eines Prozesses. Hier sind Informationen aus dem Steuerungs- und dem Organisationsaspekt zusammengefasst. Da aber der Schwerpunkt auf der Darstellung der Übergaben zwischen den Abteilungen liegt, ist der Steuerungsaspekt nicht detailliert dargestellt: Es ist zum Beispiel nicht erkennbar, ob die Aktivitäten „Ware im Lager bereitstellen“ und „Ware beschaffen“ parallel oder alternativ ausgeführt werden. Ein ausführliches Ablaufdiagramm („Ereignisgesteuerte Prozesskette“, abgekürzt „EPK“) müsste diese Information widerspiegeln.

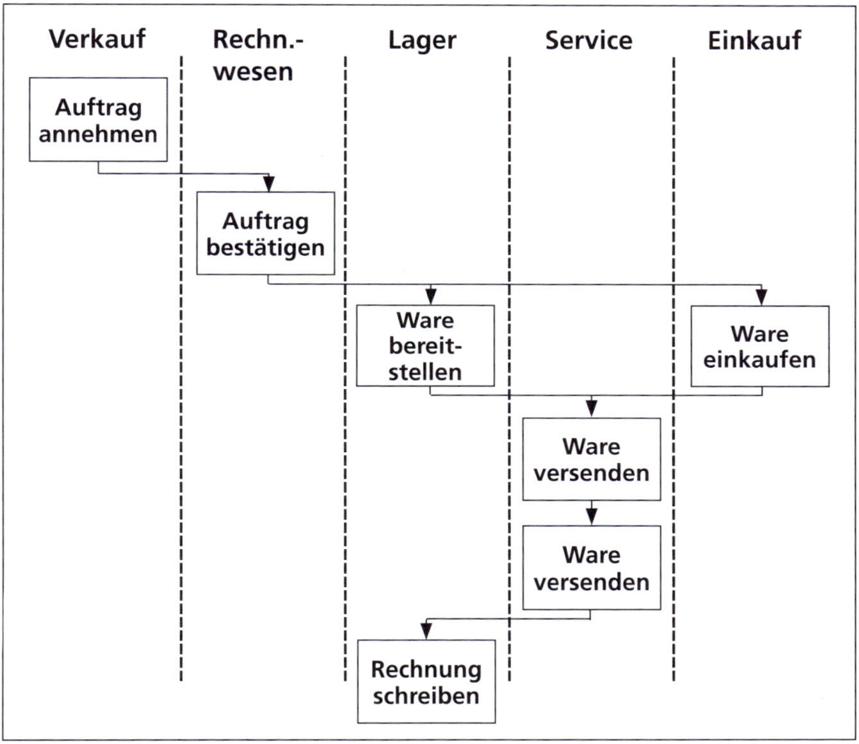

Abb. 2.3: Diagramm: Übergaben zwischen den Abteilungen im Prozess

Jetzt wird es Zeit, ein verbreitetes Missverständnis über Prozessmanagement auszuräumen:

Prozessmanagement wird oft falsch verstanden als eine Aneinanderreihung von Abteilungsaufgaben: „Zuerst der Verkauf, dann die Technik, schließlich das Rechnungswesen ...“ In diesem Verständnis müssen „nur“ die Schnittstellen zwischen den Abteilungen geklärt werden, dann läuft der Prozess.

Weit gefehlt – hinter dieser Auffassung steckt vielmehr die Erwartung, den Prozess in fein säuberlich abgetrennte schwarze Boxen zu teilen, in die bitteschön niemand hineinschauen darf. Die sogenannten „Schnittstellen“ zwischen den Abteilungen dienen dann hauptsächlich dem nachträglichen Beweis, dass die Schuld beim anderen lag.

Hier ist Vorsicht geboten. Abteilungsleiter haben oft Angst, im Zuge des Prozessmanagements an Einfluss zu verlieren, weil sie nicht mehr „Herr im eigenen Haus“ sind. Die Auslegungsweise „nur die Schnittstellen klären“ täuscht vordergründig Unterstützung für die Prozessoptimierung vor – in Wirklichkeit ist es damit nicht weit her.

2.2.4 Was ist eine Schnittstelle – was eine Übergabe?

Im Prozessmanagement ist die Schnittstelle das Endereignis eines Prozesses, das den Start eines anderen Prozesses auslöst. Eine Schnittstelle verbindet also zwei Prozesse, nicht zwei Abteilungen. Nun kann man natürlich die Prozesse im Unternehmen so definieren, dass sie immer innerhalb einer Abteilung bleiben – aber dann hat man das Wesen des Prozessmanagements glatt verfehlt: Es geht ja gerade darum, die Zusammenarbeit über die Abteilungsgrenzen zu verbessern. Die Übergabe der Handlungsverantwortung im Prozess von einer Organisationseinheit an eine andere nennen wir nicht Schnittstelle, sondern Übergabe.

Fazit: Der Organisationsaspekt gibt uns Aufschluss über

- den organisatorischen Aufbau des Unternehmens,
- die Voraussetzungen für Aktivitäten, d. h. die Qualifikation der Mitarbeiter, Werkzeuge, Berechtigungen, geografische Verfügbarkeit,
- Übergaben im Prozess,
- Übergaben zwischen den Abteilungen.

2.3 Informationsaspekt: Alles zur Hand, wenn's drauf ankommt

Hier stehen – wie der Name schon sagt – die Informationen und die Medien zur Weitergabe im Mittelpunkt.

2.3.1 Informations-Input und -Output

Zunächst ein Blick auf die Informationen: Für jede Aktivität stellen wir zusammen, welche Informationen zur Ausführung benötigt werden (Input) und welche Informationen am Ende der Aktivität bereitstehen (Output). Beim Input ist zu unterscheiden, ob die benötigten Informationen bereits vorher im Prozess als Output bereitgestellt wurden oder ob sie vom Bearbeiter aus seinem Know-how oder anderen Quellen recherchiert werden müssen. Input, der bereits aus demselben Prozess vorliegt, nennen wir internen Input, neu recherchierten Input nennen wir externen Input.

Die Unterscheidung ist wichtig, um eine wesentliche Fehlerquelle im Prozess sichtbar zu machen: Informationen, die bereits vorhanden sind, aber aus anderer Quelle neu besorgt werden, verursachen überflüssige Arbeit und zusätzliche Fehlermöglichkeiten, wenn die gelieferten Informationen nicht genau übereinstimmen. Der Abgleich von Listen unterschiedlicher Quellen zur Vermeidung von Fehlern ist überflüssige Arbeit par excellence. Ausführlicher gehen wir hierauf noch im Diagnosekapitel ein, wenn wir die IAO-Matrix vorstellen.

2.3.2 Medien und Medienbrüche

Neben den eigentlichen Informationen sind die Medien wichtig, auf denen sie weitergegeben werden. Jeder Bearbeiter findet seine recherchierten Daten in unterschiedlichen Medien, gibt sie in andere Medien ein und reicht diese an weitere Bearbeiter weiter. Immer wenn Informationen von einem Medium in ein anderes übertragen werden, sprechen wir von einem Medienbruch. Mit jedem Medienbruch steigt die Gefahr, dass Informationen oder Teile davon verloren gehen oder falsch übertragen werden. Medienbrüche deutlich zu machen und zu reduzieren ist ein zentraler Aspekt der Prozessoptimierung.

Das weiter oben genannte Beispiel der Kalibrierung von Teststreifen ist ein Musterbeispiel von aneinandergereihten Medienbrüchen.

Schließlich geht es im Informationsaspekt um das einheitliche Verständnis von Begriffen. Schon einfache Begriffe wie „Name und Anschrift" können unterschiedlich verstanden werden, wenn nicht zwischen Rechnungs- und Lieferanschrift oder Kunde und Rechnungsempfänger unterschieden wird.

Ein Problem, das immer wieder beim Auschecken im Hotel beobachtet wird: Der Gast wurde bei der Anmeldung nach seiner Anschrift gefragt und hat richtigerweise seine Privatadresse angegeben. Die Rechnung soll allerdings auf die Firma ausgestellt werden. Morgens, wenn alle Gäste es eilig haben, wieder auf die Autobahn zu kommen, führt die kleine Korrektur zu Ärger und Wartezeiten. Eine einfache Unterscheidung in zwei Felder bei der Anmeldung hätte das Problem vorausschauend gelöst.

2.3.3 Definitionen und Begriffe

Wesentlich schwerwiegender werden Missverständnisse, wenn sie sich auf Vertrags- und Zahlungskonditionen beziehen. Formulierungen wie „wie immer“ sind gefährlich. In der Praxis werden aber sehr häufig Informationen in wachsweichen Formulierungen weitergegeben. Prozessmanagement bedeutet hier, die erforderlichen Informationsinhalte zu definieren und allen Beteiligten zur Kenntnis zu geben.

Fazit: Der Informationsaspekt umfasst folgende Fragen:

- Welcher interne Input wird benötigt?
- Welcher externe Input wird benötigt?
- Welcher interne Output wird produziert?
- Welcher externe Output wird produziert?
- Welche Medien werden verwendet – gibt es Medienbrüche?
- Welche Definitionen und Begriffe müssen vorausgesetzt werden?

2.4 Kontrollaspekt: Haben wir die gesteckten Ziele erreicht?

Im Kontrollaspekt eines Prozesses suchen wir nach Maßstäben für die Performance. Läuft es so gut wie geplant, besser oder schlechter? Für die

Qualität des Prozesses definieren wir Kennzahlen. Einige Ziffern werden immer wieder verwendet:

- Anzahl der Prozessinstanzen: Wie häufig wurde der Prozess im Berichtszeitraum ausgeführt, wie oft wurden dabei bestimmte Varianten des Prozesses verwendet?
- Durchlaufzeit: Wie lange dauert eine Ausführung des Prozesses vom definierten Anfang bis zum Ende (Durchschnitt, Maximum, Minimum etc.)?
- Pünktlichkeit: Wie viele der ausgeführten Vorgänge wurden pünktlich abgeschlossen?
- Zuverlässigkeit: Wie viele der ausgeführten Vorgänge wurden fehlerfrei ausgeführt?

Es leuchtet schnell ein, dass hinter jeder dieser Kennzahlen eine komplexe Aufgabe lauert, die Kriterien nachvollziehbar zu definieren und Messpunkte zu etablieren, an denen die erforderlichen Zahlen für den Prozess geliefert werden. Wir haben schon viele Prozesse gesehen, bei denen bereits der erste Punkt (Häufigkeit) mangels Dokumentation zu Problemen führt – dann sind alle weiteren Kennzahlen Makulatur. Häufig sind Daten zum Durchlauf eines Prozesses nicht zu ermitteln, weil der Prozess als solcher bisher nicht erkannt worden ist.

Beispiel

In einem Hochregallager werden Packmittel für die Abfüllung in der Produktion aus- und wieder eingeladen. Für jeden Produktionsauftrag holt der Kommissionierer die erforderliche Menge an Flaschen der gewünschten Größe auf Paletten aus dem Regal und stellt die Anbruchpaletten nach Beendigung des Auftrags wieder zurück. Der Ein- bzw. Auslagerungsvorgang ist sauber dokumentiert, aber eben bezogen auf den einzelnen Auftrag. Das Team zur Verbesserung des Kommissionierungsprozesses interessierte sich aber für übergreifende Informationen: Wie oft wird eine Palette hin- und herbewegt, wie lange bleibt sie im Regal stehen, wie lange wartet sie vor der Schleuse zum Flurförderzeug, um wieder ins Regal befördert zu werden oder auf einem Stapler von der Schleuse zur Abfüllanlage?

Die Abteilung spürte täglich den Lagerinfarkt: Paletten warteten vor der Schleuse, weil das Flurförderzeug immer nur eine Palette auf einmal fördern konnte und zu Spitzenzeiten die Lagerbewegungen nicht mehr abzuarbeiten waren. Die Kosten für Wartezeiten an den Abfüllmaschinen mag sich der Leser in seiner Fantasie ausmalen. Zusätzlich wurden extern Lagerplätze angemietet, weil das Hochregallager allenthalben mit angebrochenen Paletten verstopft war. Das Prozessteam wollte nachweisen, wie viele der Lagerbewegungen und wie viele Palettenplätze unnütz Zeit und Geld fraßen.

Um den Optimierungsbedarf für das Management verständlich (wenige Zahlen, viele Bilder) darzustellen, griffen sie sich ein exemplarisches Packmittel, hier eine 5-ml-Gewindeflasche, heraus: Rund vier Millionen dieser Fläschchen sind im vergangenen Jahr verbraucht worden. Durch einfache Division konnten sie feststellen, dass 72 Paletten ausreichten, den gesamten Jahresbedarf dieses Packmittels zu fassen. So weit, so einfach. Nun sortierten sie aus der Auftragsverwaltung alle Bestellungen heraus, die diese Flaschengröße beinhalteten: In 460 Aufträgen haben die Kollegen Produkte in diese Flasche abgefüllt. Das Kommissionierungslogbuch weist auf, dass an 193 Tagen Paletten mit dieser Flasche ausgelagert wurden und an 121 Tagen wieder eingelagert wurden. Immerhin bedeutet das, dass schon mehrere Aufträge hintereinander erledigt wurden. 193 mal ausgelagert, 121 wieder eingelagert, das entspricht 314 Lagerbewegungen für insgesamt 72 volle Paletten!

Für die 12 meistbenutzten Packmittel wurden nun Lagerplätze direkt in der Nähe der Abfüllung bereitgestellt. Immer zwei Paletten jeder Flaschengröße sollten hier stehen. Ist die erste Palette leer, wird eine neue aus dem Lager besorgt. Nur noch Aufträge, die auf einmal mehr als eine Palette verbrauchen, erhalten eine gesonderte Lieferung aus dem Lager. Dieses „Supermarktprinzip" in der Lagerhaltung reduziert die Lagerbewegungen für unsere 5-ml-Flasche auf 72 Auslagerungen voller Paletten. Einlagerungen von Anbruchpaletten entfielen vollständig.

Die Lagerbewegungen für dieses Packmittel wurden von 314 auf 243 reduziert (77 Prozent Einsparung). Die eingesparten 243 Lagerbewegungen für nur ein Packmittel entsprachen 7 Prozent der gesamten Lagerbewegungen im Hochregallager, vier eingesparte Lagerplätze für Anbruchpaletten schufen weitere Luft im überfüllten Lager.

Der Nachweis überflüssiger Lagerbewegungen konnte hier nur aus globalen Kennzahlen ermittelt werden, weil die Häufigkeit der Bewegung einer Palette als Information nicht vorlag.

2.5 Sicherheitsaspekt: Schutz gegen unbefugte Zugriffe

Im Sicherheitsaspekt fragen wir danach, wer einen Prozess anstoßen darf, wer die Informationen im Prozess sehen darf und wie sichergestellt ist, dass Entscheidungen im Prozess nur von denen getroffen werden, die dazu befugt sind. Die wichtigen Kriterien bei diesem Aspekt sind:

- **Initiierung:** Wer kann die Ausführung eines Prozesses anstoßen? Wer ist berechtigt, die Beschaffung eines Servers im Rechenzentrum zu beauftragen? Nur diese Personen sollten überhaupt in der Lage sein, den Einkaufsprozess zu starten – damit erübrigen sich weitere Berechtigungskontrollen im Prozess.
- **Kenntnis:** Wer kann erkennen, dass ein Vorgang gestartet wurde? Im Personalwesen ist es eminent wichtig, dass niemand von der Existenz eines Prozesses (Kündigung, Veränderung) weiß, bevor der Prozess zum Abschluss kommt.
- **Leserecht:** Wer kann die Informationen in einem Prozess lesen? Ist ein Mahnfall im gerichtlichen Mahnwesen angelangt (wenn ein gerichtliches Mahnwesen im Haus erledigt wird), werden vertrauliche Informationen über den Kunden bewegt – hier darf kein Kundenbetreuer im Verkauf mehr die Einzelheiten sehen. Für die Kollegen im Vertrieb genügt allein der Sperrvermerk.
- **Schreibrecht:** Wer kann die Informationen in einem Prozess verändern (also Entscheidungen treffen)? Wichtig: Sind die Inhalte eines Vorgangs gegen Veränderungen geschützt, nachdem eine Genehmigung erteilt wurde? Muss für Entscheidungen ein Vier-Augen-Prinzip beachtet werden? Ich erinnere mich an ein Workflow-System zur Beschaffung von

IT-Gütern: Der Prozess zur Genehmigung war hochkomplex, musste zwei (elektronische) Unterschriften für jede Beschaffung organisieren, Vertretungen bei Abwesenheit berücksichtigen und anschließend die Beschaffung ausführen. Der Security-Experte des Unternehmens demonstrierte mir stolz die neueste gefundene Sicherheitslücke. Er griff sich einen bereits genehmigten Vorgang und erhöhte ohne Probleme die Anzahl von einem Server auf zwei Server. Der genehmigte Einkaufswert steigt im Handumdrehen um 50.000 Euro.

- **Abbruch:** Wer kann über den Abbruch eines Vorgangs entscheiden und wie wird der Abbruch ausgeführt? Müssen unter Umständen Teile des Prozesses wieder rückgängig gemacht werden, wenn ein Vorgang abgebrochen wurde? Beispiel Versandhandel: Wenn ich als Kunde entscheide, dass ich das gestern bestellte T-Shirt nun doch lieber nicht kaufen möchte, hat der freundliche Berater im Call-Center keine Möglichkeit, den Vorgang noch zu stoppen. Er gibt mir den Rat, das Paket nicht anzunehmen und den Auftrag auf diese Weise zu stornieren. Warum dieser Umweg? Im Prozess sind bereits zu viele Vorgänge (Lagerbewegung, Fakturierung, Lagerbuchung) angestoßen worden, dass ein Anhalten des Prozesses erst an einer definierten Stelle wieder möglich ist, denn hier wird ein neuer Prozess zur Umkehrung der bereits abgeschlossenen Lieferung angestoßen. Nur so ist gewährleistet, dass am Ende alle Systeme wieder konsistent sind.

Fallbeispiel: Prozessunterstützung in der Logistik

Spielen wir die fünf Aspekte an einem Beispiel aus der Beraterpraxis durch: MCL, ein Unternehmen der Containerlogistik, schildert folgenden Geschäftsprozess. Die Schilderung (etwas überspitzt und vereinfacht aus einem realen Anwendungsfall):

Das Geschäft der Marine Container Logistics Plc (MCL) ist es, Containerfrachten im internationalen Schiffsverkehr zu vermitteln. Die Geschäftspartner (Agenten) in (fast) allen Häfen der Welt bieten die Transportdienstleistung dem Kunden an, nehmen die Container entgegen und überlassen der Zentrale die weitere Planung und Koordination der Frachtreise. An speziellen Umschlaghäfen haben die Agenten zusätzlich die Aufgabe, einkommende Frachten nach Anweisung der MCL-Zentrale von einem Schiff auf ein anderes umzuschlagen. Die Reedereien, die Agenten am Umschlag- und am Zielhafen, berechnen ihre Leistungen an die MCL, diese stellt dem Ursprungsagenten einen pauschalen Betrag in Rechnung, der für jede Ursprungs-/Ziel-Kombination aus der Preisliste zu entnehmen ist. Der annehmende Agent kalkuliert zusätzlich seine Arbeit und seine Verkaufsmarge und bietet die Leistung entsprechend an.

Die Agenten konzentrieren sich also auf die Vertriebsaufgaben und die operativen Ladetätigkeiten – die Ermittlung der günstigsten Routen und Schiffspassagen sowie die gesamte Koordination überlassen sie vollständig der MCL. Dieses Unternehmen zieht seinen Profit aus der Differenz zwischen dem pauschalen Betrag laut Preisliste und den tatsächlich anfallenden Gebühren für Passage, Ladetätigkeit und Liegezeiten im Hafen. Je günstiger und schneller die Fracht befördert wird, desto größer der Deckungsbeitrag.

Der Ablauf sieht folgendermaßen aus: Ein Agent in einem der angeschlossenen Häfen hat eine Containerladung entgegengenommen und auf ein Schiff zum nächstgelegenen Umschlaghafen geladen. Er faxt MCL ein Dokument mit den wichtigsten Informationen zur Fracht. Dazu gehören vor allem der Zielhafen, der angesteuerte Umschlaghafen und die Daten zum Frachtschiff und zur Ankunftszeit am Umschlaghafen. Die Original-Frachtpapiere sendet er per Kurier an uns – diese Dokumente benötigt MCL im Falle eines Verlusts oder einer Auseinandersetzung.

Die MCL-Experten suchen nun die günstigste Schiffslinie für den zweiten Teil der Reise, bestimmen das Datum der Abreise vom Umschlaghafen und das Ankunftsdatum am Zielhafen. Sie ermitteln die Preise für die zweite Schiffsreise, die Arbeit des Agenten am Umschlaghafen und die Entladung am Zielhafen. Treffen die Frachtpapiere ein, müssen sie der Akte zugeordnet und später archiviert werden.

Der Agent am Umschlaghafen benötigt täglich eine Mitteilung über alle Containerladungen, die er umzuladen hat. Die Mitteilung muss vier Tage vor der Ankunft des Containers vorliegen, damit er einen Ladeplatz im Hafen und einen Platz im Folgeschiff buchen kann. Der Agent am Zielhafen muss ebenso vier Tage vor Ankunft informiert werden.

Ist die Fracht am Umschlaghafen neu verladen, sendet der Agent ein Fax zur Bestätigung. Ebenso der Agent am Zielhafen, wenn die Ladung gelöscht ist. Der entsendende Agent erhält eine Rechnung von MCL, die anderen Agenten und die Reedereien senden ihre Rechnung an MCL.

Unter Umständen kann eine Fracht auch über zwei Umschlaghäfen befördert werden.

Folgende Probleme machen uns zu schaffen:

- Die Meldung des Ursprungsagenten wird zu spät verarbeitet, sodass die Zeit für den Agenten am Umschlaghafen nicht mehr reicht, Platz auf dem Folgeschiff zu reservieren. Die Fracht bleibt länger am Umschlaghafen, es entstehen zusätzliche Lagergebühren, die unsere Marge vermindern.
- Die Original-Frachtpapiere gehen im Haus verloren. Bei Auseinandersetzungen um Entgelte fehlen MCL wichtige Nachweise.
- Mitteilungen an die Umschlagagenten unterbleiben, die Container können nicht zugeordnet werden und gelten als herrenlos. Die Versicherung ist darüber not amused.
- Die Rechnungen der einzelnen Agenten können nicht richtig überprüft werden, weil die Dokumentation der einzelnen Frachten zu komplex wird. Die Agenten wissen darum, wir vermuten zum Teil überhöhte Rechnungen.

Mithilfe der fünf Aspekte können Sie sich effizient einen strukturierten Überblick darüber verschaffen, welche Informationen Sie bereits haben und welche Sie noch benötigen. Damit fällt es Ihnen dann auch leichter, die richtigen Fragen zu stellen.

Steuerungsaspekt: Ziele und Engpässe

Betrachten wir den Steuerungsaspekt: MCL verkauft eigentlich nichts weiter als sein Know-how. Das Unternehmen ist darauf spezialisiert, die Fahrpläne,

Routen und Preise aller internationalen Containerschiffslinien zu kennen. Die Freiheitsgrade für die Entscheidung über die richtige Linie liegen in dem Rhythmus der Reise, der Route und Dauer der Reise, dem Frachtpreis und der am jeweiligen Hafen gültigen Liegegebühr. Manchmal ist es günstiger, einen Container drei Tage liegen zu lassen, um mit einem günstigeren (und unter Umständen schnelleren Schiff) weiterzufahren, in anderen Fällen könnte ein anderer Weg besser sein.

Durch Ausnutzung dieser Kenntnisse kann sich das Unternehmen Kostenvorteile gegenüber einer einfachen Verschiffung mit einem Frachtunternehmen verschaffen.

Der Agent am Ursprungshafen hingegen muss seinem Kunden einen einfachen Preis für die Fracht nennen können und hat nicht die Ressourcen, sich um eine individuelle Optimierung der Route zu kümmern. MCL kann ihm mit seinem Service einen Kostenvorteil bieten, womit er sich im Wettbewerb besser positioniert. Die Ersparnis für MCL liegt immer noch deutlich über der Preisersparnis für den Agenten.

Zum Zeitpunkt des Projekts (1999) arbeitete das Unternehmen (Name selbstverständlich geändert) trotz der beschriebenen Organisationsmängel immer noch profitabel. Je größer allerdings der Durchsatz dieses Systems wurde, desto deutlicher traten die Mängel der Prozessorganisation zutage.

Aus dieser Konstellation wird deutlich, dass die Ziele der Agenten und die von MCL nicht deckungsgleich sind. Wir sollten uns also darüber verständigen, wo diese Ziele komplementär sind und wo sie konträr laufen.

Tritt der Agent als Ursprungsagent auf, will er mit diesem System seinen eigenen Umsatz maximieren – damit deckt sich sein Ziel vollauf mit dem von MCL. Natürlich will er dabei auch seine eigene Marge möglichst groß halten – damit übt er einen Druck auf MCL aus, die Frachtkosten möglichst weit zu drücken und von dem Preisvorteil möglichst viel an die Agenten weiterzugeben. Der Spielraum für die internen Kosten von MCL und das Kostenrisiko der Frachten werden dadurch kleiner.

Der Agent als Umschlag- oder Zielhafenpartner sieht MCL wie jeden anderen Auftraggeber, für den er Ladeleistungen am Hafen ausführt und in Rechnung stellt. Er möchte die Umschlagshäufigkeit und den Preis für seine Dienstleistung steigern. Im ersten Punkt zieht er einen gewissen Zusatznutzen aus dem MCL-System, denn Frachten werden durch diese Optimierung häufiger umgeschlagen als bei einer Verschiffung über einen durchgängigen Anbieter. Im zweiten Punkt ist sein Interesse dem Kosteninteresse von MCL diametral entgegengesetzt.

Natürlich tritt der einzelne Agent in beiden Funktionen auf, was die Interessenlage noch etwas schwieriger macht. Angesichts dieser Gemengelage und unter Berücksichtigung der auf dem Markt vorherrschenden Sitten (die zum Teil noch sehr an das Faustrecht erinnern) bekommen Kontrolle und straffe Organisation des Prozesses eine enorme Bedeutung.

Der Prozess muss also dafür sorgen, dass jede Fracht zuverlässig und schnell am Zielhafen ankommt und auf diesem Weg möglichst wenig Kosten verursacht. Um dieses Ziel zu erreichen, wird die Ware häufiger umgeschlagen als in einem vergleichbaren Prozess. Die Planung und Koordination dieser Umschläge ist die zentrale Herausforderung.

Aus dieser Aufgabenstellung ergibt sich die Abfolge der Prozessschritte, die nicht viel Spielraum für Veränderung bietet – sie ist durch den physischen Ablauf vorgegeben:

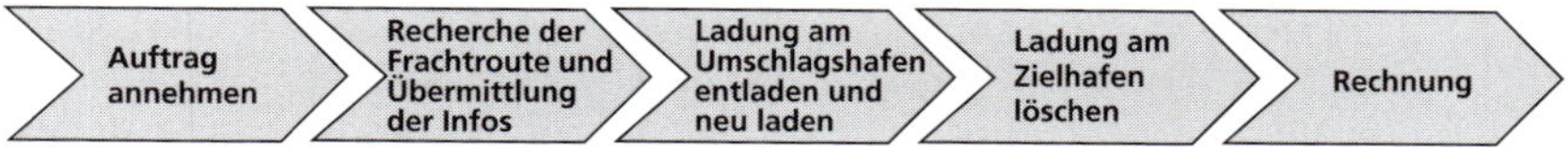

Abb. 2.4: Prozessschritte bei MCL

Um Liquiditätsvorteile und Arbeitserleichterung zu erreichen, können wir den Schritt „Rechnung an den Ursprungsagenten“ gleich mit dem Schritt 2 verbinden. Statt der abschließenden Rechnung käme dann die Prüfung des Rechnungseingangs und die Nachkalkulation jeder Fracht.

Wertschöpfung ist, was der Kunde erwartet. Weil es in diesem Prozess mehrere Kunden gibt, sehen Sie in der folgenden Tabelle die Erwartungen der verschiedenen Kunden und die damit verbundene Wertschöpfung noch einmal in der Übersicht:

Kunde	**Erwarterter Nutzen**	**Wertschöpfende Tätigkeiten**
Expediteur	schneller und preiswerter Transport, nur ein Auftragnehmer	Ermittlung der günstigsten Route
Ursprungsagent	günstiger Einkaufspreis	Ermittlung der günstigsten Route
	sichere Abwicklung	Informationssteuerung im Prozess
	transparente Abrechnung	Abrechnung der Leistungen
Umschlagsagent, Zielagent	genaue Planung der Umschlagstätigkeit	Informationssteuerung im Prozess
	zuverlässige Bezahlung der erbrachten Leistungen	Abrechnung der Leistungen

Organisationsaspekt

Betrachten wir den Organisationsaspekt bei unserem Fallbeispiel aus der Logistik: Die Probleme, die bei dem Unternehmen auftauchen, sind kritisch: Meldungen des Ursprungsagenten werden zu spät bearbeitet, Original-Frachtpapiere gehen im Haus verloren, Mitteilungen an die Umschlagsagenten unterbleiben.

Wie kann es kommen, dass dort Papiere verloren gehen und Meldungen zu spät verarbeitet werden? Eine genauere Betrachtung fördert zutage, dass jede Fracht dort von mindestens vier Personen bearbeitet wird – dies hängt mit einem äußerst umständlichen und veralteten Warenwirtschaftssystem zusammen, welches vom Mutterunternehmen vorgegeben ist. Das System ist primär für Reedereien gedacht und wurde für den Zweck dieses Unternehmens angepasst. Die Mutter, eine Reederei, wollte eben nicht ein eigenes Finanz- und Warenwirtschaftssystem für die Tochter unterstützen. Da dieser

Parameter nicht änderbar ist, muss der Prozess eben da herum geplant werden.

Der Organisationsaspekt hängt also unmittelbar mit dem Informationsaspekt zusammen. Wäre das Informationssystem einfacher an den Prozess anzupassen, bräuchte man keine so umständliche Organisation.

Bei unserem Fallbeispiel aus der Logistik war der Informationsaspekt der wesentliche Knackpunkt: Wurde eine Fracht am Umschlaghafen neu verladen, sendete der Agent ein Fax zur Bestätigung. Ebenso der Agent am Zielhafen, wenn die Ladung gelöscht wurde. Eine veraltete und umständliche Methode, die viel Papier produzierte. Man hatte bereits eine Internet-Datenbank probiert, wo die Agenten ihre Frachten online eintragen. Wer allerdings die Performance und die Verfügbarkeit des Internet an entlegenen Enden des Globus kennengelernt hat, wird die Variante schnell wieder verwerfen (Zeitpunkt des Projekts: 1999): Agenten berichteten von Eingaben, die über eine halbe Stunde von einer Bildschirmseite bis zur nächsten blätterten. Wir haben den Agenten ein Offline-Programm zur Verfügung gestellt, worin die Datenbestände (Preislisten etc.) regelmäßig online aktualisiert wurden. Die Erfassung der Frachten konnte dann offline erfolgen und per automatischer (fest formatierter) Mail an die Zentrale übermittelt werden. Zum Transport der Information innerhalb der Zentrale haben wir eine elektronische Akte eingesetzt, die ihren Weg durch das Unternehmen nahm. Aus der hereinkommenden Mail wurden automatisch alle für den Vorgang relevanten Daten übernommen. Die Originalpapiere enthalten keinerlei neue Information – sie wurden unmittelbar nach dem Eintreffen archiviert – in der Akte wurde lediglich die Archivnummer eingetragen.

Die elektronische Akte sorgt dafür, dass interner Input auch intern bleibt und nicht mehrmals wie neue (externe) Information behandelt wird. Die Route mit allen Umschlagpunkten, Linien, Ankunfts- und Abfahrtszeiten wird einmal extern ermittelt (die eigentliche Aufgabe von MCL), dann steht sie für alle Beteiligten zur Verfügung. Neue Informationen sind einerseits die tatsächliche Abarbeitung der einzelnen Umschlagpunkte und eventuelle Veränderungen der Route sowie die Archivnummer des Originaldokuments. Auch die ermittelten Preise für Routen, Hafengebühren und Umschlagstätigkeit sind schon vorher bekannt und können im Dokument mitgeführt werden. Lediglich Änderungen sind gegebenenfalls neu hinzuzufügen.

Die täglichen Faxe an die Agenten über eintreffende Frachten sind eine redundante Information. Hier ist es notwendig, eine Datenbasis zu schaffen, in welcher der Agent jederzeit alle anstehenden Frachten sehen und seine Aktivitäten vorbereiten kann. Ein automatisches Update einmal pro Tag ist vollkommen ausreichend.

Der Kontrollaspekt Logistik

Der Marktvorteil des Unternehmens besteht in der Ermittlung von preisgünstigen und schnellen Routen über mehrere Knotenpunkte. Jede Route kann bei der Erstellung kalkuliert werden und der Preisvorteil wird dem Kunden offensichtlich.

Ob aber der Transport am Ende wirklich zu den kalkulierten Kosten abgeschlossen wird, kann aus der Dokumentation nicht rekonstruiert werden. Jeder Umschlagsagent berechnet seine Leistung an die Zentrale, eine Kontrolle in Bezug auf die kalkulierte oder vereinbarte Höhe der Rechnung ist aber nur sehr schwer möglich. Auch eine Nachkalkulation jeder Fracht wird durch die Fragmentierung der Information unmöglich.

Als Controller würde ich folgende Fragen geklärt wissen wollen: Wie viele der erfolgten Frachten wurden in der geplanten Dauer und zu den kalkulierten Preisen realisiert? Wo liegen die Abweichungen?

Dieser Aspekt zeigt die offene Flanke des Prozesses. Es werden zwar alle Vorgänge säuberlich in ein Warenwirtschaftssystem eingegeben und verarbeitet, aber die erhobenen Daten haben nichts mit den Erfolgskriterien des Prozesses gemein. Die wichtigste Frage ist daraus nicht zu beantworten: Wie hoch ist der Deckungsbeitrag einer jeden Fracht? Die Statistiken können zwar im Nachhinein die Rentabilität der Frachten in aggregierter Form berechnen – die Mitarbeiter, welche die Fracht bearbeiten, erfahren aber nichts über ihre Rentabilität, folglich interessieren sie sich auch nicht weiter dafür. Sie sehen nur die Kalkulation der geplanten Route, nicht aber die tatsächlichen Kosten des wirklichen Frachtweges. Ein verbesserter Prozess muss also die Kontrolle der Zielerreichung sofort in den Ablauf einbeziehen. Die Rückmeldung über die planmäßige Ausführung und die Realisation des geplanten Deckungsbeitrags ist für die Bearbeiter sehr wichtig, um sie zu fortwährender Spitzenleistung zu motivieren.

Der Sicherheitsaspekt

Hier liegt ein weiterer Hase im Pfeffer: Die Rechnungen der Agenten können nur unter erheblichem Aufwand geprüft werden, weil sie nicht Bestandteil des Frachtprozesses sind, sondern getrennt davon im Rechnungswesen des Unternehmens bearbeitet werden. Und wo die Katze aus dem Haus ist, tanzen die Mäuse auf dem Tisch. Verlorene Ladungen und Frachtpapiere zeigen eine weitere Lücke im Sicherheitsaspekt des Prozesses.

Zusammenfassung

Ein verbesserter Prozess sieht in etwa wie folgt aus: Der Prozess startet mit der Erfassung einer Fracht beim Agenten – die erfassten Informationen gehen direkt in eine elektronische Akte bei MCL. Die Bearbeiter tragen die optimierte Route in der Akte ein und generieren eine Rechnung an den Ursprungsagenten. Aus den eingetragenen Routen der elektronischen Akten erstellt ein Algorithmus die Updates für die Agenten, damit diese die Schiffsplätze und Hafenplätze buchen können. Wenn eine zentrale Buchung möglich ist, wird dies direkt aus der Akte generiert. Jedem Agenten geht die elektronische Akte per Mail zu, er kann seine Eintragungen direkt darin tätigen. Die Akte enthält bereits die geplanten Kosten der Schiffsreisen und Hafenaktivitäten – die Agenten tragen nur die Veränderungen ein, die sich aus der tatsächlichen Reise ergeben. Eine gesonderte Rechnung für ihre Aktivitäten entfällt, sie werden auf der Basis dieser Meldung bezahlt. Geplante Kosten, tatsächliche Kosten, geplante Zeiten und tatsächliche Zeiten geben in jeder Akte die unmittelbare Rückmeldung an die Bearbeiter über den Erfolg ihrer Arbeit. Die Übertragung in die Warenwirtschaft erfolgt unabhängig von diesem Ablauf per Schnittstelle.

Das Originaldokument wird gleich im Sekretariat abgefangen und archiviert. Die Sekretärin trägt die Archivnummer in der elektronischen Akte ein.

Der Geschäftsprozess dieses Unternehmens war ganz auf seine Kernkompetenz konzentriert, die Ermittlung von günstigen und schnellen Routen durch ein engmaschiges Netz von Partnern. In der tatsächlichen Ausführung und Kontrolle des Prozesses zeigten sich aber Mängel, die mit zunehmendem Wachstum des Unternehmens immer gravierender wurden. Durch mangelnde Koordination wurden viele Tätigkeiten mehrfach und nicht konsistent erledigt, Informationen gingen verloren und eine Erfolgskontrolle blieb aus. Durch die Schaffung einer Datenbasis in Form einer elektronischen Frachtakte konnten die fünf Aspekte des Prozesses aufeinander abgestimmt werden.

Übung

Hier ist ein bisschen was durcheinandergeraten. Ordnen Sie die Detailfragen den richtigen Aspekten des Geschäftsprozesses zu. Die Lösung finden Sie in der nachfolgenden Tabelle – aber bitte nicht schummeln!

Aspekt	**Detailfrage**	**richtige Zuordnung**
Steuerung	Durch wie viele Abteilungen läuft der Prozess?	
	Hält der Prozess die Zeitvorgabe ein?	
	Welche verschiedenen Medien werden im Prozess verwendet?	
	Kann die Zahlung der Lieferung überwacht werden?	
Organisation	Wie teuer ist eine Ausführung des Prozesses?	
	Wie lange dauert der Prozess?	
	Kann jeder auf die Daten zugreifen?	
	Gibt es diese Information schon im Prozess?	
Information	Wird das Ergebnis den Kundenerwartungen gerecht?	
	Wann darf Aktivität 2 beginnen?	
	Wer ist eigentlich für den Prozess verantwortlich?	
	Wer darf den Prozess starten?	

Kontrolle	Wie sind die Übergaben zwischen den Abteilungen organisiert?	
	Wie häufig wird der Prozess angestoßen?	
	Können getroffene Entscheidungen unbemerkt nachträglich verändert werden?	
	Wo wird diese Information noch verwendet?	
Sicherheit	Welche Schritte gehören zum Prozess?	
	Wird der Prozess richtig dokumentiert?	
	Wie wird die Information weitergegeben?	
	Wie viele Personen wirken an dem Prozess mit?	

Lösung

Aspekt	**Detailfrage**	**richtige Zuordnung:**
Steuerung	Durch wie viele Abteilungen läuft der Prozess?	Wie lange dauert der Prozess?
	Hält der Prozess die Zeitvorgabe ein?	Wann darf Aktivität 2 beginnen?
	Welche verschiedenen Medien werden im Prozess verwendet?	Wie häufig wird der Prozess angestoßen?
	Kann die Zahlung der Lieferung überwacht werden?	Welche Schritte gehören zum Prozess?
Organisation	Wie teuer ist eine Ausführung des Prozesses?	Durch wie viele Abteilungen läuft der Prozess?
	Wie lange dauert der Prozess?	Wer ist eigentlich für den Prozess verantwortlich?
	Kann jeder auf die Daten zugreifen?	Wie viele Personen wirken an dem Prozess mit?
	Gibt es diese Information schon im Prozess?	Wie sind die Übergaben zwischen den Abteilungen organisiert?

Information	Wird das Ergebnis den Kundenerwartungen gerecht?	Welche verschiedenen Medien werden im Prozess verwendet?
	Wann darf Aktivität 2 beginnen?	Gibt es diese Information schon im Prozess?
	Wer ist eigentlich für den Prozess verantwortlich?	Wo wird diese Information noch verwendet?
	Wer darf den Prozess starten?	Wie wird die Information weitergegeben?
Kontrolle	Wie sind die Übergaben zwischen den Abteilungen organisiert?	Hält der Prozess die Zeitvorgabe ein?
	Wie häufig wird der Prozess angestoßen?	Wie teuer ist eine Ausführung des Prozesses?
	Können getroffene Entscheidungen unbemerkt nachträglich verändert werden?	Wird das Ergebnis den Kundenerwartungen gerecht?
	Wo wird diese Information noch verwendet?	Wird der Prozess richtig dokumentiert?
Sicherheit	Welche Schritte gehören zum Prozess?	Kann die Zahlung der Lieferung überwacht werden?
	Wird der Prozess richtig dokumentiert?	Kann jeder auf die Daten zugreifen?
	Wie wird die Information weitergegeben?	Wer darf den Prozess starten?
	Wie viele Personen wirken an dem Prozess mit?	Können getroffene Entscheidungen unbemerkt nachträglich verändert werden?

Erläuterung

Schwierig ist oft die Abgrenzung zwischen dem Kontroll- und dem Sicherheitsaspekt. Bei der Sicherheit geht es um die Frage, ob die für den Prozess kritischen Schritte überprüfbar und sicher sind: Ist sichergestellt, dass alle kritischen Schritte nur von Personen ausgeführt werden, die dazu befugt sind? Können Entscheidungen nur von berechtigten Personen getroffen werden (und anschließend auch nicht mehr verändert werden!)? Wer darf überhaupt lesen, was im Prozess passiert (man denke an Personalprozesse, wo Sie sich ja blind darauf verlassen, dass Ihre HR-Abteilung die zugesicherte Vertraulichkeit auch einlöst)? Zur Sicherheit gehört damit die Frage nach dem Starten des Prozesses (wo kämen wir denn hin, wenn hier jeder einen Produktionsprozess anstoßen könnte?), aber auch die Frage nach der Bezahlung: Ist sichergestellt, dass das Unternehmen für alle Lieferungen auch Zahlungen erhält?

Beim Kontrollaspekt geht es in der Regel um das Berichtswesen zum Prozess. In vielen Unternehmen gibt es eigene Prozesse, welche die Statistik und Berichtswege zwischen Verkauf, Produktion und Finance oder Controlling regeln. Diese Prozesse sind vollkommen überflüssig, denn in einem richtig geplanten wertschöpfenden Prozess ist an die Übermittlung und Aufbereitung der Daten über die Qualität und Quantität des Prozesses bereits im Vorhinein gedacht. Zusätzlicher Aufwand darf durch diese Kontrollen nicht entstehen. Die Frage nach der Dokumentation ist also die Kernfrage des Kontrollaspekts.

Die Frage nach der Durchlaufzeit des Prozesses (wie lange dauert es von Auftragserteilung bis Lieferung?) ist eine der wichtigsten Fragen des Steuerungsaspekts, denn meistens liegt gerade in der Beschleunigung des Prozesses ein wesentlicher Antrieb für die Prozessoptimierung.

Teil 3: Prozessmodellierung – ein Sprachkurs

In diesem Kapitel lernen Sie, wie Prozesse modelliert und formal beschrieben werden. Dafür werden im Allgemeinen „standardisierte“ grafische Symbole verwendet. Was diese bedeuten und wie sie verwendet werden, lesen Sie hier. Wir stellen Ihnen einige nützliche Modellierungs-Werkzeuge vor und zeigen, auf was Sie bei einer Modellierungs-Software achten sollten.

3.1 Einige allgemeine Hinweise für Prozessdiagramme

Wie soll eine grafische Darstellung eines Prozesses optimal aussehen? Zunächst einige allgemeine Regeln, bevor wir in den Sprachkurs einsteigen:

1. Stellen Sie nicht mehr als 3 bis 4 Faktoren in einem Diagramm dar.

Faktoren zur Erklärung von Prozessen sind unter anderem:

- Die Identifikation und Abgrenzung von einzelnen Prozessen in einer Organisation
- Aspekte von Zeit, Reihenfolge, Dauer, Parallelität
- Beteiligte Dokumente und Datenformen
- Informationen
- Lokation (geografisch und organisatorisch)
- Beteiligte Abteilungen und Individuen
- Häufigkeiten
- Verwendete Methoden und Techniken im Prozess

Es ist schnell verständlich, dass nicht alle diese Faktoren übersichtlich in ein und demselben Diagramm dargestellt werden können (zumindest dann nicht, wenn andere Personen das Diagramm verwenden sollen).

2. **Stimmen Sie das Diagramm auf die Bedürfnisse und das Vorverständnis des Anwenders ab.**

   Verwenden Sie keine Symbole und Darstellungstechniken, von denen Sie nicht sicher sind, dass Ihre Leser sie kennen. Es ist sehr sinnvoll, in einem Unternehmen einen Gestaltungsrahmen für Prozessdarstellungen zu vereinbaren, der dann von allen verbindlich verwendet wird.

3. **Klarheit und Verständlichkeit geht vor Vollständigkeit.**

   Sie können nicht alle Eventualitäten und Ausnahmen im Bild festhalten. Besser ist, Sie verweisen an wichtigen Punkten des Diagramms auf erklärenden Text. Ich verwende häufig ein Blitz-Symbol für Problempunkte, die ich gesondert erkläre.

4. **Symbole mit gleicher Bedeutung müssen immer gleich aussehen, Symbole mit unterschiedlicher Bedeutung immer verschieden.**

   Schränken Sie die Verwendung verschiedener Symbole ein. Weniger ist mehr. Führen Sie nur dann neue Symbole ein, wenn die Differenzierung einen erheblichen Gewinn für die Aussagekraft des Diagramms bringt.

5. **Erklärender Text ist gut, zu viel Text ist kontraproduktiv.**

   Trennen Sie Text und Diagramm, wenn Sie mehr Text benötigen, um Einzelheiten des Diagramms zu erläutern. Kein Leser wird es Ihnen verübeln, wenn nicht jede Besonderheit im Diagramm selbst erwähnt wird, solange alle Elemente der Darstellung aus sich selbst oder dem begleitenden Text verständlich werden.

6. **Verwenden Sie eine übersichtliche Gliederung von Diagrammen und bleiben Sie bei dieser Aufteilung.**

7. **Verwenden Sie nach Möglichkeit immer das gleiche Format.**

   Wir werden feststellen, dass diese Forderung bei der Modellierung von Geschäftsprozessen die größten Herausforderungen mit sich bringt, denn meistens werden die Prozesse bei näherer Betrachtung doch komplexer als erwartet.

8. **Diagramme werden von oben links nach unten rechts gelesen.**

   Eine Selbstverständlichkeit, die aber im Eifer des Gefechts schnell aus dem Blick gerät.

3.2 Einführung in den Sprachkurs

Manche Reiseführer enthalten einen kleinen Sprachkurs, der Ihnen die Orientierung im Reiseland erleichtert. Für diesen Reiseführer „Prozessmanagement" liefern wir Ihnen einen kurzen Sprachkurs der Prozessmodellierung. Damit fällt es Ihnen leichter, modellhafte Darstellungen von Prozessen zu verstehen oder auch selbst zu Schablone und Bleistift zu greifen, um Ihre Gedanken für andere nachvollziehbar auf Papier zu bannen. (Natürlich nutzt dazu heute niemand mehr wirklich Schablone und Bleistift – es gibt für alles entsprechende PC-Programme, aber der Sprachumfang ist immer noch derselbe. Zur Auswahl geeigneter Programme finden Sie am Ende dieses Kapitels mehr.)

Die Methoden der Prozessmodellierung bilden eine Sprache, mit der die Zusammenhänge eines Prozesses formal beschrieben werden können. Sie lernen hier, den Sprachumfang, die Formen und die „Grammatik" dieser Sprache in ihren Grundzügen zu verstehen und sie in einigen Übungen anzuwenden. Die Aspekte eines Geschäftsprozesses geben uns ein gutes Gerüst für das Verständnis dieser Sprache.

Steuerungsaspekt

Beginnen wir mit dem Steuerungsaspekt: Wann ist was zu tun? Und warum? Stellen Sie sich vor, Sie erläutern Ihrem Auszubildenden den Ablauf einer Bestellung von Lagerware: Immer dann, wenn für einen Artikel die vorgegebene Mindestmenge unterschritten ist, bestellen wir nach. Dazu sind mehrere Schritte erforderlich, an deren Ende ein Zustand wiederhergestellt ist, bei dem der Artikel in ausreichender Menge vorhanden ist. Ein Ereignis „Mindestbestand ist unterschritten" löst eine Kette von Aktivitäten aus und führt zu einem Ereignis „Lagerbestand ist aufgefüllt". Die Reihenfolge der Aktivitäten ist logisch – erst muss ich eine Bestellung aufgeben, dann kann diese freigegeben werden, danach kann der Lieferant liefern, der Wareneingang die Ware prüfen und ins Lager aufnehmen. Fast instinktiv greifen viele von uns bei der Schilderung des Ablaufs zu Papier und Stift und machen den Prozess mit einer Reihe von Kästchen und Pfeilen anschaulich. Die Methode der ereignisgesteuerten Prozesskette formalisiert diese Zeichnungen mit dem Ziel einer allgemeinverständlichen und vor allem eindeutigen Aussage.

Das Kernelement dieser Sprache ist der Pfeil.

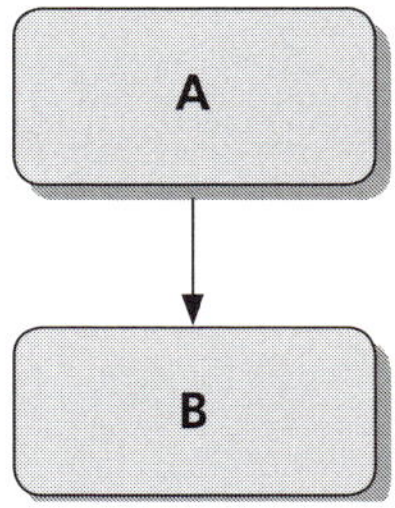

Abb. 3.1:„Folge"

Der Pfeil bedeutet: „Auf A folgt B" (er könnte ja auch bedeuten „aus A wird B" oder „A geht zu B" oder ähnlich – hier ist die Bedeutung aber auf die Folge eingeschränkt). Aktivitäten stellen wir in rechteckigen Kästchen dar, die verbindenden Pfeile geben ihre Reihenfolge wieder. Die Darstellung des Einkaufsprozesses ist damit recht einfach. Nun kommt aber ein wesentliches Moment hinzu: Der Auszubildende soll lernen, wann er mit dieser Folge von Aktivitäten zu beginnen hat, nämlich bei Unterschreiten der Mindestbestellmenge.

Wir ergänzen unseren Sprachumfang um ein weiteres Element: Das Ereignis. Ein Ereignis beschreibt einen Zustand, den wir objektiv beobachten können. „Die Ampel ist rot“ ist ein solches Ereignis, an dessen Beobachtung wenig Zweifel möglich sind. Wichtig ist dabei (das sage ich hier, weil es ein häufig beobachteter Fehler ist), dass ein Ereignis keine Tätigkeit enthalten darf („Der Kunde ruft an.“). Ein Ereignis im Sinne unseres Modells ist gegeben. Es gibt dafür keine Ausführenden, keine Verantwortlichen, keine „Schuldigen“.

Bauen wir das Ereignis in unser Modell ein, kann es so gelesen werden: „Immer wenn das Ereignis x eintritt, folgt die Aktivität y.“ Die „Immer dann, wenn“-Logik enthält eine zwangsläufige Abfolge: Wenn x eintritt, wird über y nicht mehr diskutiert. Tritt x nicht ein, sieht das Modell kein y vor. Ein Ereignis stellen wir als Sechseck dar, um es von den Aktivitäten besser zu unterscheiden. Nehmen Sie Farbe zu Hilfe und füllen Sie die Sechsecke rot, die Aktivitäten grün, schon haben Sie Ihre erste ereignisgesteuerte Prozesskette erstellt.

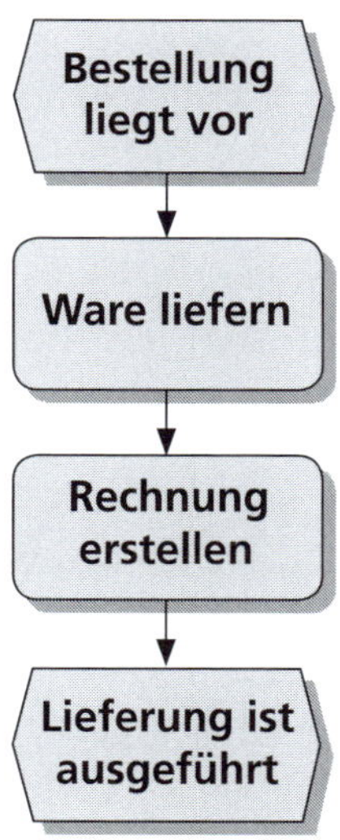

Abb. 3.2: Aktivitäten und Ereignis

Eine Konvention zur Benennung von Aktivitäten und Ereignissen hilft bei der Modellierung: Aktivitäten werden immer mit einem Substantiv und einem aktiven Verb benannt (ggf. um ein Adjektiv erweitert); Ereignisse mit einem Aussagesatz. Beispiel: „Rechnung prüfen“ oder „fehlerhafte Rechnung reklamieren“ für Aktivitäten; „Rechnung ist eingegangen“ oder „Rechnung entspricht Lieferung“. Damit vermeiden Sie einen häufigen Fehler, nämlich statt Aktivitäten Dokumente oder Abteilungen zu modellieren. Was immer Sie nicht als aktives Verb ausdrücken können, ist aller Wahrscheinlichkeit nach keine Aktivität. (Verben wie „managen“, „verwalten“, „steuern“ werden dabei mit einem Strafzoll belegt – sie sind nur gut, Substantiven mit Gewalt ein Verb aufzupfropfen.)

Mit diesem Sprachvorrat können wir einfache Folgen von Tätigkeiten und Ereignissen darstellen. Im Prozessalltag haben wir aber häufig Aktivitäten, die gleichzeitig oder alternativ auszuführen sind. Um dies im Modell darzustellen, benötigen wir Verzweigungen.

3.3 Verzweigungen

Solche Verzweigungen stellen wir mit logischen Verknüpfungen dar. Es gibt dazu die logischen Operatoren „und“, „oder“ und „entweder oder“.

Die Verknüpfung „und“ bedeutet, dass alle darauf folgenden Aktivitäten unabhängig voneinander ausgeführt werden.

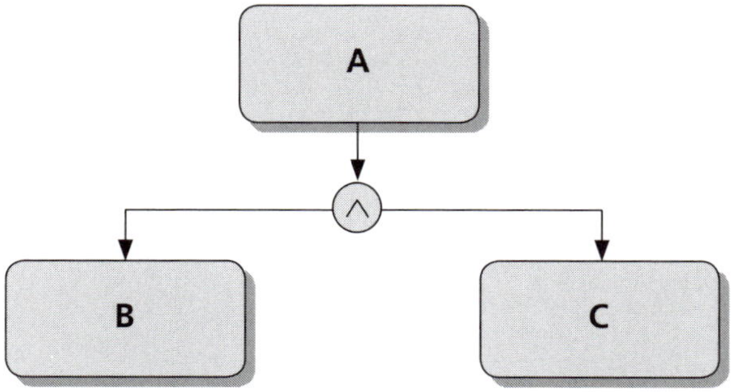

Abb. 3.3: „und“

Eine „oder“ -Verknüpfung sagt, dass von den folgenden Ereignissen mindestens eines wahr ist (es können aber auch mehrere oder alle Ereignisse wahr sein).

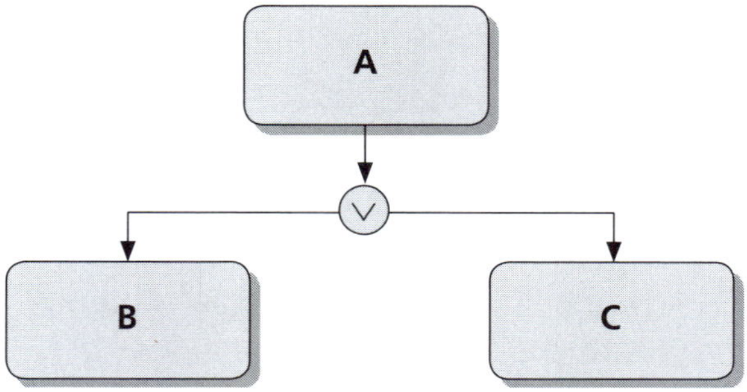

Abb. 3.4: „oder“

Die Verknüpfung „entweder-oder“ (auch „x-oder“ genannt) sagt aus, dass von mehreren folgenden Ereignissen genau eins wahr ist. (Es geht also nicht, dass keines der Folgeereignisse wahr ist.)

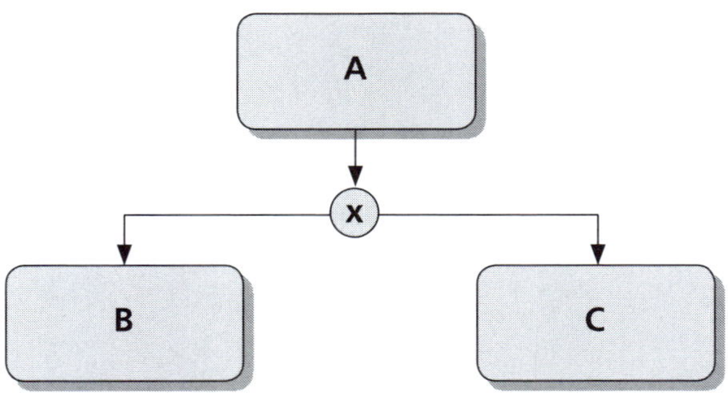

Abb. 3.5: „entweder-oder“

Aus dieser Zusammenstellung folgt, das hinter jedem „oder“ bzw. „entweder-oder“ ein Ereignis folgen muss. Das Ereignis gibt an, welche Entscheidung dem „oder“ bzw. „entweder-oder“ zugrunde liegt.

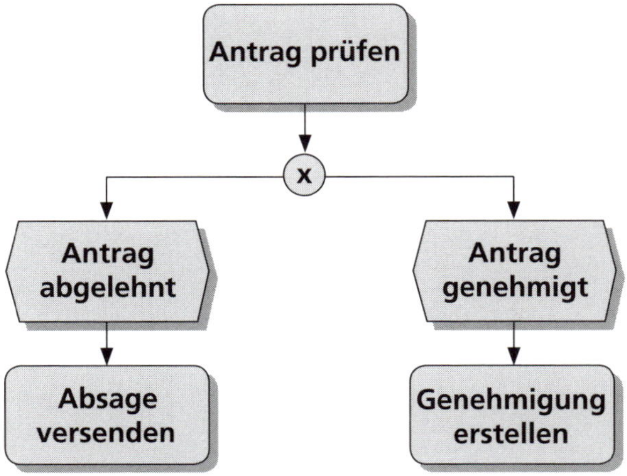

Abb. 3.6: „entweder-oder"-Ereignis

Häufig folgen nach parallel ausgeführten Aktivitäten wieder andere Aufgaben, die nacheinander auszuführen sind. Dazu müssen die beiden Stränge des Pfeildiagramms wieder zusammengeführt werden. Teilt sich der Graph durch eine Entscheidung (oder bzw. entweder-oder), dann kann es später wieder Aktivitäten geben, die in jedem Fall auszuführen sind. Auch hier ist eine Zusammenführung des Graphen erforderlich.

3.4 Zusammenführungen

Eine „und"-Verzweigungen im Prozessmodell macht deutlich:

„Wenn Aktivität 1 abgeschlossen ist, folgen sowohl Aktivität 2 als auch Aktivität 3."

Mit einer „und"-Zusammenführung stellen wir dar, dass Aktivität 4 erst angefangen werden kann, wenn sowohl 2 als auch 3 fertig sind.

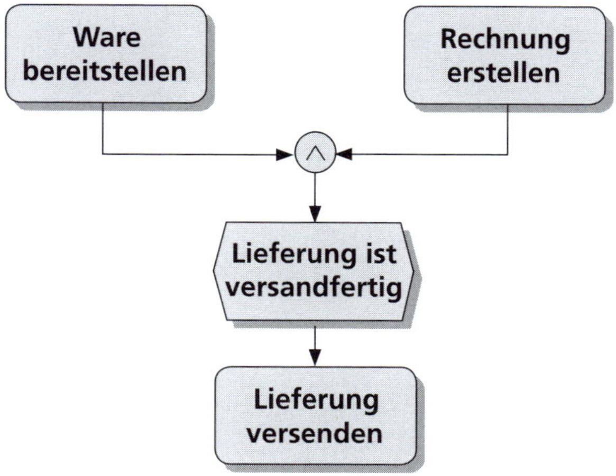

Abb. 3.7: „und"-Zusammenführung

Eine „oder" bzw. „entweder-oder"-Verzweigung stellt dar:

„Wenn Aktivität 1 abgeschlossen ist, steht fest, ob Ereignis A oder Ereignis B (oder C, oder D…) eingetreten ist." (oder bzw. entweder-oder).

Mit einer „oder" („entweder-oder")-Zusammenführung zeigen wir, dass, egal welche Entscheidung vorher getroffen wurde, der folgende Ablauf gleich ist.

Vor einer „oder" (bzw. „entweder-oder")-Verzweigung muss eine Aktivität stehen, welche die Tätigkeit dieser Entscheidung beinhaltet (ganz gleich, ob die Entscheidung von einer Person oder einem Automaten gefällt wird). Nach der „oder/x-oder"-Verzweigung steht immer pro Strang ein Ereignis, das den Zustand am Ende dieser Entscheidung bekannt gibt. Erst dann folgen die Aktivitäten des jeweiligen Entscheidungsstrangs. Dadurch wird der Entscheidungsknoten eindeutig lesbar.

Vor einer Zusammenführung mehrerer Prozessstränge verwenden Sie immer je ein Ereignis, welches den Endpunkt der kleinen Folge von Aktivitäten in jedem Prozessstrang symbolisiert. Damit wird deutlich, welche Voraussetzung erfüllt sein muss, damit die folgenden Aktivitäten ausgeführt werden.

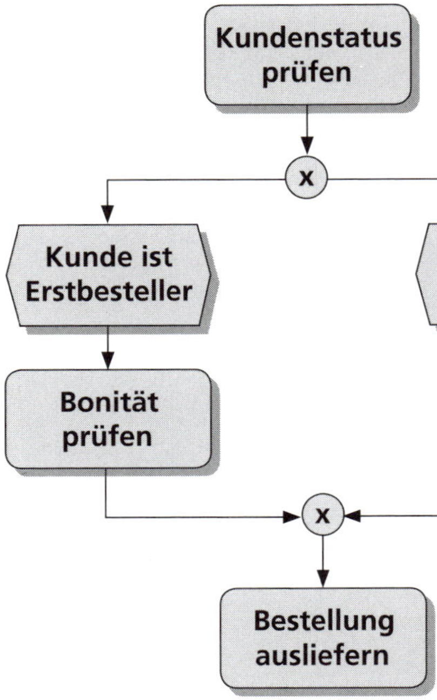

Abb. 3.8: „oder“ („entweder-oder“)-Zusammenführung

Eine Zusammenführung bedient sich immer der gleichen Logik wie eine weiter oben ausgeführte Verzweigung: Nach einer „x-oder“ Verzweigung kann logisch keine „und“-Zusammenführung stehen. Halten Sie sich den Zusammenhang an einem Beispiel vor Augen: Entweder wird die Ware an den Kunden ausgeliefert oder vom Kunden abgeholt. In jedem Fall wird anschließend eine Rechnung an den Kunden gestellt. Versuchen Sie, dies mit einer „x-oder“-Verzweigung und einer „und“-Zusammenführung darzustellen – Sie werden den logischen Patzer umgehend erkennen.

Nun können Sie sich den zweiten häufigen logischen Fehler selbst ausmalen: Nach einer „und“-Verknüpfung folgt eine Zusammenführung mit „x-oder“. Welche Folgen sehen Sie für die Logik des Prozessablaufs? Die beiden Beispiele für logische Fehler mögen den Merksatz unterstreichen: „Eine Zusammenführung nutzt immer den gleichen logischen Operator wie die weiter oben befindliche Verzweigung.“

3.5 Schnittstellen

Viele Prozesse sind zu umfangreich und komplex, um sie in einem einfachen EPK darzustellen – die Zahl der Verzweigungen und Zusammenführungen wäre zu groß für eine Grafik. Häufig treten bestimmte Handlungsabläufe auch in mehreren Prozessen auf – sie können gewissermaßen als Prozessmodule betrachtet werden. So führen mehrere Prozesse im Unternehmen zu einem Einkaufsvorgang für Lagerware, der mit dem Startereignis beginnt „Beschaffungsbedarf ist festgestellt". Der eigentliche Einkaufsvorgang soll entsprechend dem Prozessmodell immer in der gleichen Weise ausgeführt werden.

Modellieren Sie zuerst einen einheitlichen Prozess zur Beschaffung, stellen Sie dann die Vorläuferprozesse (z.B. Warenentnahme, Sortimentsumstellung oder Aussortieren verdorbener Ware) dar. Alle diese Prozesse enden mit einem Ereignis „Beschaffungsbedarf ist festgestellt". Danach verweisen Sie auf den bereits bestehenden Prozess „Beschaffung".

Mit einer Schnittstelle stellen wir dar, dass die Beendigung eines Prozesses unmittelbar den Start eines anderen auslöst. Die Schnittstelle dient damit zur chronologischen Gliederung von großen Prozesszusammenhängen.

Bei der Modellierung unterscheiden wir Eingangs- und Ausgangsschnittstellen: Eine Eingangsschnittstelle zeigt an, aus welchem anderen Prozess der aktuelle Vorgang aufgerufen wurde, die Ausgangsschnittstelle gibt an, welcher andere Prozess an dieser Stelle ausgelöst wird.

Die Verbindung zwischen der Eingangs- und Ausgangsschnittstelle ist ein gemeinsames Ereignis. Es steht unmittelbar vor der Ausgangs- und direkt hinter der Eingangsschnittstelle. Wenn ein Prozess mehrere Ausgangsschnittstellen hat, wird durch das Ereignis geklärt, an welche davon die Eingangsschnittstelle eines anderen Prozesses anknüpft.

Ein praktisches Hilfsmittel in komplexen Prozesslandschaften ist die offene Schnittstelle. Wir verwenden dieses Mittel, wenn wir auf einen anderen Prozess verweisen, der selbst (noch) gar nicht untersucht und modelliert ist.

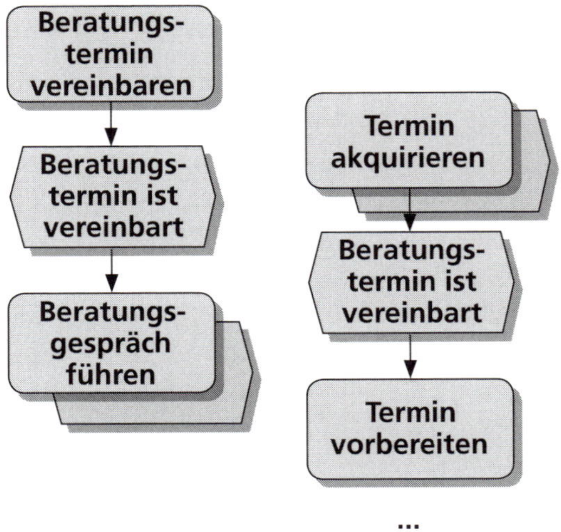

Abb. 3.9: Schnittstellen

Die offenen Schnittstellen bieten wichtige Anhaltspunkte, welche Prozesse für weitere Untersuchungen noch in Betracht kommen. Ein Modell, das alle Prozesse des Unternehmens ohne offene Schnittstellen darstellt, ist ein geschlossenes Unternehmensprozessmodell – doch darüber (oder über die Utopie solcher Modelle) weiter unten mehr.

3.6 Schachtelung

Die Schachtelung von Prozessmodellen dient dazu, das Modell vom Allgemeinen zum Speziellen aufzubrechen. In einem groben Modell werden nicht weiter differenzierte Tätigkeitskomplexe als eine Aktivität ausgewiesen und miteinander verbunden. Zu jeder dieser Aktivitäten existiert ein weiteres Modell, das die Tätigkeiten in diesem Komplex näher spezifiziert. Auch hier können einzelne Aktivitäten wieder in eigene Modelle aufgeschlüsselt werden.

Dieses Darstellungsmittel unterstützt ein pragmatisches Vorgehen zur Modellierung größerer Zusammenhänge. Es bietet außerdem die Möglichkeit, zahlreiche Prozessmodelle in einem Unternehmen zu einem Gesamtmodell zusammenzufassen.

Die Verfeinerung eines Prozessmodells in weitere Schachtelungen ist aber keine Einbahnstraße. Häufig werden Prozesse auf einem hohen Aggregationsniveau recht zügig erstellt – bei der Betrachtung der Details in der Verschachtelung stellt sich aber heraus, dass auch das darüber liegende Modell verbessert werden muss.

3.7 Organisationseinheiten und Organisationsaspekt

Die bisherigen Modellierungswerkzeuge stellen den Steuerungsaspekt des Prozesses dar. Den Organisationsaspekt können wir dem Modell relativ einfach hinzufügen: Wir verwenden ein weiteres Modellobjekt (z.B. eine Ellipse), die eine Organisationseinheit darstellt. Dieses Objekt wird seitlich neben einer Aktivität gezeichnet und über einen Pfeil mit dieser verbunden. Dieser waagerechte Pfeil wird gelesen als „wird ausgeführt von …"

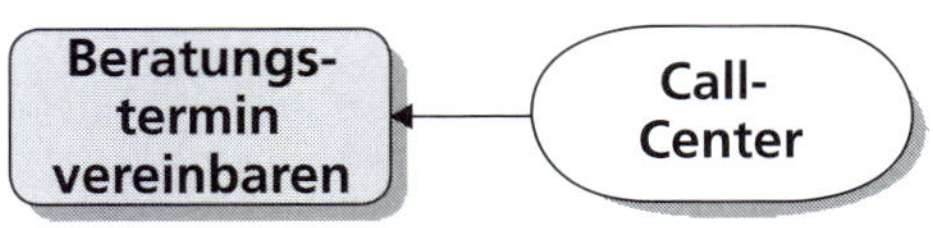

Abb. 3.10: „wird ausgeführt von …"

Wofür können die Organisationseinheiten im Modell stehen? Selbstverständlich ist es möglich, eine **Person** namentlich als Organisationseinheit aufzuführen. Sie heißt dann „Peter Meier" oder wie auch immer. Das ist dann sinnvoll, wenn Peter Meier für eine bestimmte Aufgabe immer wieder verantwortlich ist, weil er eben Peter Meier ist – also seine Aufgabenstellung sich nicht aus einer Funktion oder Abteilung ableiten lässt. Solche Situationen sind häufiger zu beobachten und können auch im Modell dargestellt werden. Sie sind aber in der Regel ein Indiz für einen nicht optimal strukturierten Prozess.

Häufiger ist zu beobachten, dass **Abteilungen** oder Arbeitsgruppen als Organisationseinheit namentlich genannt werden. Das ist immer dann sinnvoll, wenn klar ist, dass eine Aufgabe von einer Person dieser Gruppe ausgeführt wird. Diese Organisationseinheiten sollten in einem Organigramm des Unternehmens verzeichnet sein. Damit stellen Sie sicher, dass in allen Modellen auf die gleichen Einheiten Bezug genommen wird.

Manchmal ist auch eine spezielle Person auszumachen, die innerhalb einer Gruppe für bestimmte Aufgaben spezialisiert ist – diese Person hat damit eine **Rolle** im Unternehmen. Eine Rolle ist eine Unternehmensfunktion, die von einer Person wahrgenommen wird. Im Unterschied zur Modellierung der Zuständigkeit über eine Person behält die Rolle im Modell ihre Aussagekraft auch dann, wenn die Besetzung der Rolle durch eine konkrete Person wechselt. Häufig sind auch turnusgemäß wechselnde Besetzungen einer Rolle zu berücksichtigen: „Diensthabender Techniker" ist eine solche Rolle, deren Besetzung täglich innerhalb eines festgelegten Personenkreises wechselt.

Organisationseinheiten im Modell können auch externe Stellen (Kunden, Lieferanten oder Partner) sein. Immer mehr Prozesse beziehen den Kunden und den Lieferanten ein und können mit diesem Instrument integriert modelliert werden.

Eine weitere Form, Zuständigkeiten im Modell darzustellen, ist ein Platzhalter für eine dynamische Organisationseinheit. In vielen Fällen können Sie zwar keine einzelne Organisationseinheit bestimmen, aber eine Regel definieren, welche die Zuständigkeit festlegt. Ein Beispiel aus der Telekommunikation: Beschaffungen für IT-Investitionsgüter durchlaufen einen geregelten Genehmigungsprozess, dabei unterscheidet sich allerdings die Zuständigkeit danach, ob diese Maschinen für das hausinterne Rechenzentrum oder für den Betrieb des eigentlichen Telefonnetzes (des Wirknetzes) benötigt werden – selbst wenn in beiden Fällen genau das gleiche Gerät beschafft wird.

Wichtig: Ereignisse können keine Organisationseinheiten tragen – sie sind „gegeben", niemand führt sie aus, ist für sie verantwortlich oder trägt an ihnen die Schuld. Sobald Sie ein Ereignis mit einer ausführenden Organisation verbinden können, beschreiben Sie nicht mehr das Ereignis, sondern eine Aktivität.

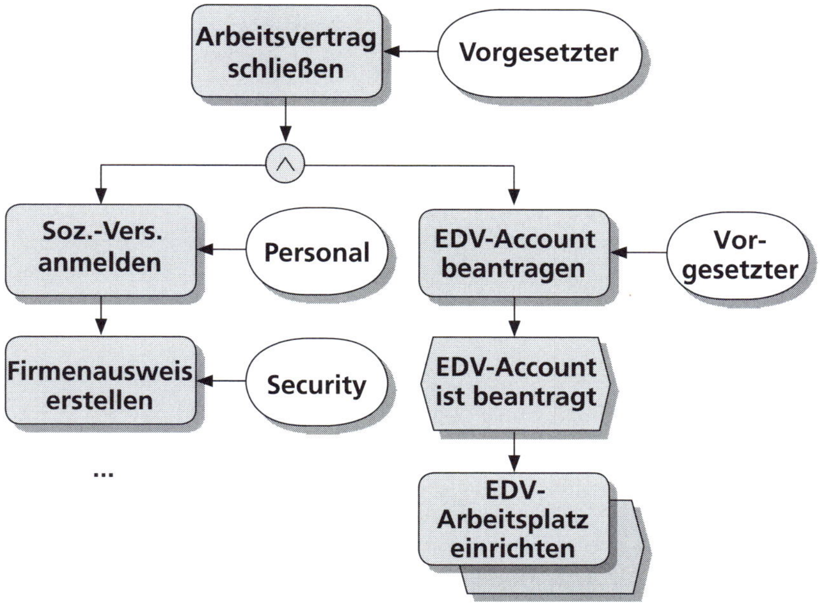

Abb. 3.11: Prozess: Mitarbeiter einstellen

Das Beispiel zeigt die Zuweisung von Organisationseinheiten zum Prozess „Mitarbeiter einstellen". Die Organisationseinheit „Vorgesetzter" muss getrennt vom Modell als der Vorgesetzte des neuen Mitarbeiters definiert werden.

Solche Differenzierungen sind auf drei verschiedenen Wegen im Modell darzustellen:

- Es werden zwei getrennte Modelle dargestellt – eines für IT-Beschaffungen im internen Gebrauch und eines für IT-Beschaffungen für Kundenaufträge.
- Ein gemeinsames Modell differenziert über eine „x-oder"-Verzweigung in interne IT und externe Aufträge.

- Der Ablauf ist in beiden Fällen gleich, was auch in einem gemeinsamen Modell zum Ausdruck kommt, nur die Zuständigkeiten sind verschieden: An dieser Stelle wird eine Organisationseinheit wie „zuständiger Entscheider“ verwendet, die im Anhang des Modells definiert ist.

Informationsaspekt

Ähnlich den ausführenden Organisationseinheiten können Sie im Modell die einbezogenen Formulare, Schriftstücke, Notizen, Medien und Programme/ Werkzeuge einbeziehen. Es bietet sich an, die Organisationseinheiten immer auf der einen Seite der Aktivitäten zu zeichnen, die Informationselemente, Werkzeuge und Programme auf der anderen Seite. Der Pfeil zur Aktivität bezeichnet jetzt den Zusammenhang „wird für die Ausführung der Aktivität benötigt“.

Dieser Aspekt der Modellierung macht zum Beispiel einen häufigen Wechsel von Medien deutlich: Dazu sind viele Aktivitäten erforderlich, die nichts weiter enthalten als die Übertragung von Informationen von einem Medium in ein anderes. Das Prozessmodell legt so die wesentlichen Verbesserungspotenziale anschaulich offen.

Ein anderer Nutzen dieser Darstellung ist die Analyse der Verwendung von Computerprogrammen: Wenn Sie die für die Aktivitäten verwendeten Programme auflisten und mit den im Unternehmen vorhandenen und gepflegten Programmen vergleichen, fällt Ihnen schnell das eine oder andere teure Instrument auf, das entweder gar nicht oder nur für unbedeutende Teilprozesse verwendet wird, aber einen erheblichen Pflegeaufwand in der EDV-Abteilung verursacht.

Verwendete Formulare und Dokumente können ebenso verglichen werden: Das Prozessmodell weist auf, dass an verschiedenen Stellen unterschiedliche Formblätter für denselben Zweck verwendet werden. Eine Bereinigung des innerbetrieblichen Formularwesens hilft schnell und preiswert.

Kontrollaspekt

Für die Kontrolle Ihrer Effektivität und Effizienz dient ein Prozessmodell hervorragend. Die Start- und Endereignisse helfen, die Häufigkeit und die Dauer der Prozesse zu analysieren. Erstellen Sie eine Liste dieser Ereignisse und halten Sie (für eine Stichprobe von Beobachtungen) fest, wann das Startereignis und wann das Endereignis erreicht wird. Aus dieser Meldung können Sie die Prozesse im Unternehmen gewichten (Welcher Prozess trägt in welchem Maße zum Erfolg des Unternehmens bei?) und Sie sehen, wie lange die Prozesse in der Realität dauern. (Hier stellen Sie häufig die oben genannte Diskrepanz zwischen der Bedeutung eines Prozesses und seiner Ausstattung mit geeigneten Tools fest.)

Sie haben zwei Wege, die Zeiten und Kosten eines Prozesses zu schätzen: Top-down oder Bottom-up. Im Top-down-Verfahren messen Sie die Zeit zwischen Startereignis und Endereignis, um die tatsächliche Durchlaufzeit eines Prozesses zu bestimmen. Mit dem Bottom-up-Herangehen fragen Sie für jede Aktivität, wie lange sie (ungefähr) dauert. Bei verzweigten Prozessen müssen Sie anhand der (geschätzten) Häufigkeit der Prozessstränge die einzelnen Alternativen gewichten. Addieren Sie die Zeiten der Prozessschritte und vergleichen Sie das Ergebnis mit dem der Top-down-Untersuchung: Die Differenz ist (meistens) unproduktive Zeit. (Die Einschränkung „meistens“ berücksichtigt, dass es Wartezeiten gibt, die aus der Sache heraus bedingt sind – in biologischen Produktionsprozessen sind das z.B. Reifezeiten. Diese Vorgänge würde ich allerdings als Aktivität modellieren, damit die für diesen Vorgang benötigte Zeit im Modell sichtbar wird.)

Sicherheitsaspekt

Auch für den Sicherheitsaspekt kann ein Prozessmodell eine praktische Hilfe sein. Die Ereignisse des Modells steuern, wann welche Aktivität ausgeführt wird (und damit Kosten verursacht werden). Je genauer und eindeutiger Sie die Start- und Endereignisse sowie die Ereignisse an Verzweigungen definieren können, desto sicherer können Sie den Ablauf in der Ausführung kontrollieren. Für kritische Ereignisse definieren Sie in der vorausgehenden Aktivität einen Kontrollschritt, der das Eintreffen des Ereignisses feststellt. Der Ausführende dieser Aktivität ist verantwortlich für die Überwachung dieses Ereignisses. Er hält dieses in dem der Aktivität anhängenden Dokument fest.

Eventuelle Sicherheitslücken, ungenaue Dokumentationen oder Zuständigkeitsprobleme bei der Initiierung von Prozessen werden im Modell verständlich offengelegt.

3.8 Prozessmanagement und BPM-Software – ein Exkurs

Prozessmanagement wird zu häufig missverstanden als Prozessmodellierung.

Wer aber in unserem Buch bis hierher gelesen hat, versteht, dass Kästchen und Pfeile im Geschäftsprozessmanagement eher eine Randbeschäftigung sind. Mit grafischen Werkzeugen wie Microsoft Visio erhalten Sie eine Bibliothek von Schablonen, „Shapes" genannt, mit denen Sie Modelle wie ein EPK schnell und einfach auf Ihren Bildschirm bringen.

Dezidierte Modellierungstools unterstützen die Arbeit der Prozessmodellierung noch dadurch, dass sie die Logik der EPK (oder anderer Modellierungssprachen) bei der Modellerstellung bereithalten. So können Fehler im Modell vermieden werden, verschiedene Modelle über Schnittstellen verbunden werden und für gleichlautende Elemente (Ereignisse oder Aktivitäten) dieselben Objekte verwendet werden. Auf der Basis von Modellierungswerkzeugen sind auch Simulationen von Prozessabläufen möglich. Zur Simulation von Prozessen muss das Modell sehr stringent formuliert sein – alle möglichen auftretenden Hindernisse sind berücksichtigt, alle Ereignisse sind eindeutig, die Anwendungsfälle sind vollständig abgedeckt. Sind diese Voraussetzungen gegeben, kann man mit der Simulation Kapazitätsengpässe aufdecken, das Verhalten des Prozesses bei veränderter Fallzahl beobachten, verschiedene Möglichkeiten zum Prozessablauf vergleichen oder die Prozesskosten hochrechnen. Das klingt zunächst sehr verlockend, wird aber angesichts der strengen Voraussetzungen nur für sehr starre Prozesse möglich sein (maschinelle Produktion oder Massengeschäft wie Schadensbearbeitung in der KfZ-Versicherung).

Sobald aber aus den Kästchen und Pfeilen ein lebendiger Service wird, kommt eine ganz andere Musik ins Spiel: Bei der Analyse des Prozesses werden Sie auf Medienbrüche, unklare Verantwortlichkeiten, unnötige Liegezeiten und verworrene Freigaberoutinen stoßen. Wie wäre es, wenn beim Eintreten eines Startereignisses der Verantwortliche der ersten Aktivität gleich ein Dokument in seinem Postkorb findet, das alle nötigen Informationen zum angestoßenen Prozess mit der Aufforderung enthält, die erforderliche Aktivität auszuführen? Wenn das Dokument einen kontrollierten und nachvollziehbaren Weg durch die beteiligten Akteure des Prozesses nimmt und dabei die beteiligten Datenbanken der Waren- und Finanzwirtschaft automatisch aktualisiert? Die ersten Workflow-Management Systeme Ende der 90er-Jahre verfügten über einen sehr eingeschränkten Sprachumfang der Modellierung und boten die Möglichkeit, ein Bildschirmformular zum Prozess von einem Postkorb zum nächsten zu befördern. Damit war immerhin schon der Medienbruch vermieden, die Prozessabfolge und die Verantwortlichkeiten waren geklärt und der Prozess wurde nachvollziehbar dokumentiert.

Solange aber diese Systeme immer nur neben den zentralen Datenbankapplikationen (wie z.B. SAP) liefen, war der Effizienzgewinn nur begrenzt. Die Schnittstellenaufgaben, die aus den Inhalten der Bildschirmformulare Aktionen in den Datenbankanwendungen erstellen sollten, waren sehr komplex und ließen viele Unternehmen von der Nutzung der Workflow-Management-Systeme zurückschrecken. Mit der Entwicklung einer weiterführenden Modellierungssprache ist jedoch die Brücke zur Programmierung der Line-of-Business-Applikationen geschlagen: Die führenden ERP-Systeme verfügen bereits über die Möglichkeit, Programmabläufe über eine standardisierte Prozesssprache, die Business Process Execution Language (BPEL) zu importieren. Mit einer ausgereiften Notation für die Prozessmodellierung ist es möglich, Modelle von der grafischen Form in diese Ausführungssprache zu übersetzen. Diese Vermittlung schließt eine Lücke zwischen der eher betriebswirtschaftlich orientierten Prozessanalyse und der Programmierung der daraus abgeleiteten IT-Abläufe. Da die Aktualität eines gedruckten Buches mit der rasanten Entwicklung an dieser Nahtstelle nicht mithalten kann, verweisen wir für eine Übersicht dieses Marktes auf die Website www.bpm-guide.de, wo die Softwareprodukte des Marktes beschrieben und Kriterien für eine Auswahl angeboten werden.

Aufgaben

Fangen Sie mit einem einfachen Modell an – erstellen Sie ein EPK-Diagramm für folgenden Fall mit einer sequenziellen Bearbeitung:

Ein Mitarbeiter stellt den Bedarf für eine Beschaffung fest. Er spezifiziert, welche Materialien benötigt werden. Der Einkauf fordert Angebote von mehreren Lieferanten an. Der Einkauf vergleicht die eingegangenen Angebote und legt das günstigste Angebot dem zuständigen Kostenstellenleiter vor. Dieser genehmigt die Beschaffung. Der Einkauf führt eine Bestellung aus und bucht eine Rückstellung im Buchungssystem.

Abb. 3.12: Vereinfachter Prozessablauf Lagerbestellung

Die wenigen Gestaltungsmerkmale dieses Diagramms sind: Ein rotes Sechseck für das Ereignis, ein grünes Rechteck für die Aktivität und ein gerichteter Pfeil für die Wenn-dann-Beziehung. Damit ist der Kern dieses Konzepts beschrieben.

Wenn Sie jetzt sagen, das sei doch banal, möchte ich einwenden, dass Sie zwar Recht haben: Zur Aufhellung von trivialen Prozessen kann ein EPK in der Praxis wenig beitragen. Es gibt jedoch zwei Konzepte, die das simple Prinzip der EPK äußerst mächtig gestalten: Die logische Verzweigung und die Schnittstelle.

1. Aufgabe

Erstellen Sie ein etwas komplexeres Modell, hier mit einer „entweder-oder" Verzweigung: Der Wareneingang nimmt eine Lieferung an und erfasst die Lieferung. Er prüft, ob der Lieferung eine Bestellung gegenübersteht.

a) Die Lieferung stimmt mit einer Bestellung überein: Der Mitarbeiter des Wareneingangs bucht den Wareneingang.
b) Die Lieferung stimmt nicht mit der Bestellung überein: Der zuständige Bearbeiter im Einkauf regelt die abweichende Lieferung. (Wir differenzieren hier noch nicht danach, was alles dazugehört).
c) Es existiert keine Bestellung der Ware: Der Wareneingang sendet die Ware an den Lieferanten zurück.

Für die Modellierung können Sie sich eine Demoversion eines Modellierungstools besorgen (am Ende des Buches stellen wir Ihnen einige vor) – oder Sie arbeiten erst mal mit PowerPoint.

2. Aufgabe

Fügen Sie beim obigen Prozess jetzt den Rechnungseingang hinzu. Der Sachbearbeiter im Rechnungswesen erfasst eine eingegangene Rechnung und legt die Rechnung ab. Er prüft, ob zu der Rechnung eine Rückstellung vorliegt.

a) Stimmt die Rechnung mit einer vorliegenden Rückstellung überein, weist er die Zahlung der Rechnung an und löst die Rückstellung auf.

b) Liegt keine Rückstellung vor oder weicht die Rechnung von der Rückstellung ab, klärt der zuständige Sachbearbeiter im Einkauf den Zusammenhang mit dem Lieferanten und entscheidet über die Zahlung der Rechnung. Er weist gegebenenfalls den Betrag zur Zahlung an und löst die Rückstellung auf. Andernfalls trifft er abweichende Maßnahmen (hier grob zusammengefasst für Rechnung korrigieren oder Rechnung zurückweisen).

Lösungen

1. Aufgabe

Eine Ideallösung gibt es für die meisten unserer Aufgaben nicht – es gibt immer mehrere Wege nach Rom und wir möchten niemandem seine Kreativität nehmen, eigene Lösungen zu entwickeln. Eine mögliche Ideallösung für die EPK-Aufgabe finden Sie dennoch hier:

Wichtig waren uns hier folgende Punkte:

1. Jeder Prozess beginnt und endet mit einem eindeutigen Ereignis.
2. Aktivitäten beschreiben, Tätigkeiten in Verbform, Ereignisse beschreiben, Zustände in Partizipform („… ist ausgeführt“)
3. Nach jeder Verzweigung steht an jedem Zweig ein Ereignis, das den Entscheidungszustand verdeutlicht.
4. Ausführende oder Verantwortliche können nur zu Tätigkeiten verbunden werden.

2. Aufgabe

Die inhaltliche Herausforderung dieses EPK ist die Zusammenführung der beiden Stränge, die „Zahlung anweisen“ enthalten. Wenn Sie den logischen Pfad bis zur Tätigkeit „Zahlung anweisen“ verfolgen, stellen Sie fest, dass nur eines von beiden Ereignissen zutreffen kann: Entweder die Rechnung war gleich o.k. oder sie wurde mit dem Lieferanten geklärt. Beides gleichzeitig geht nicht. Also kann vor einer Zusammenführung des Graphen nur ein „entweder-oder“ stehen.

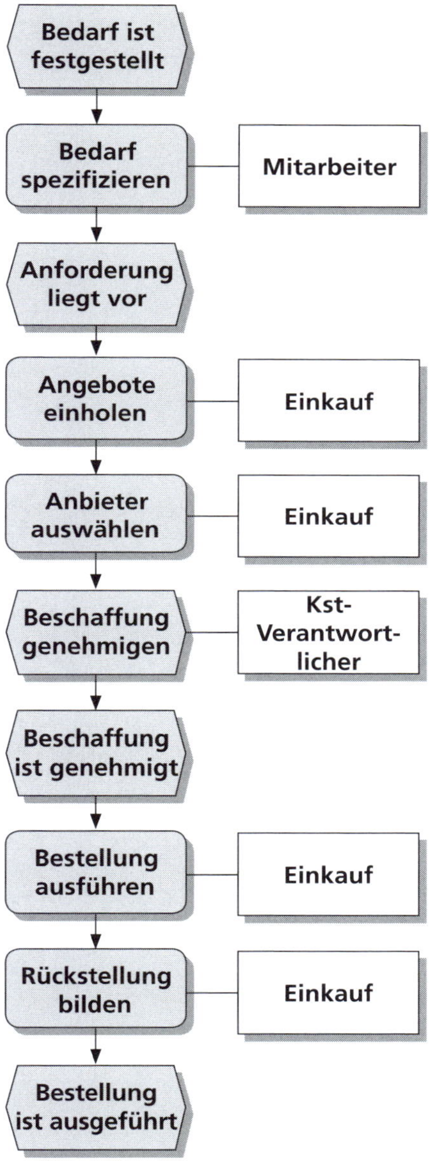

Abb. 3.13: Lösung Aufgabe 1

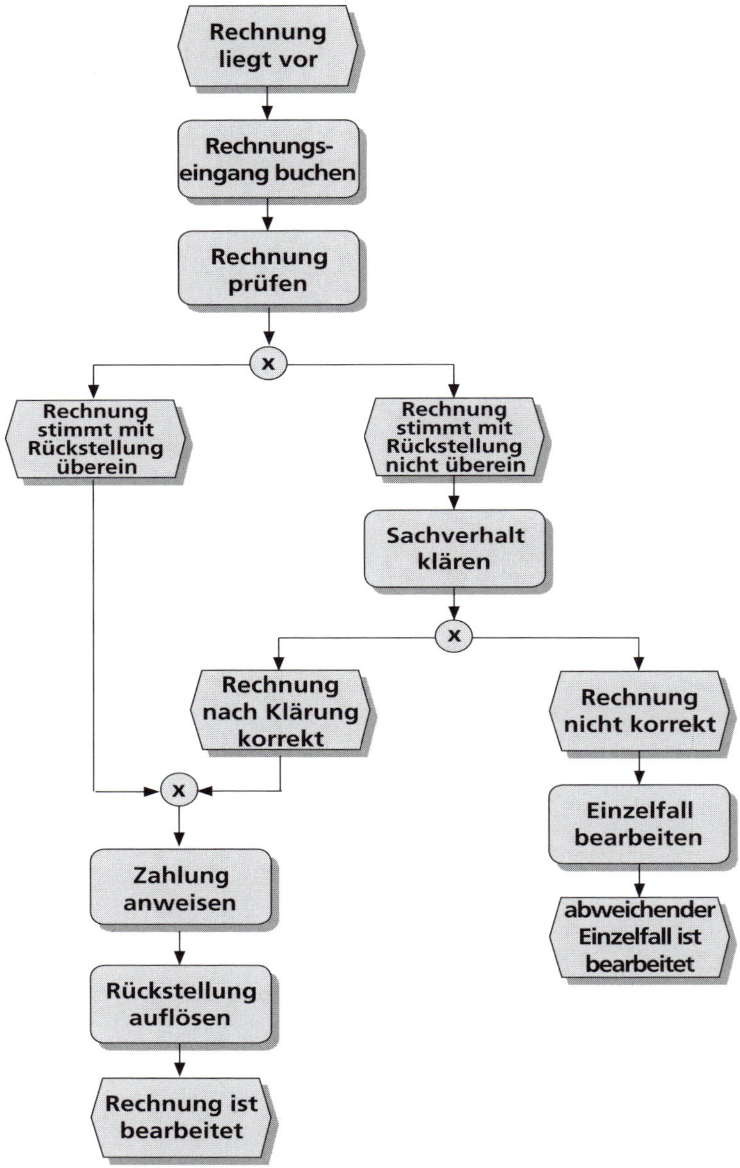

Abb. 3.14: Lösung Aufgabe 2

Die Faustregel gilt: Wenn ein Graph mit einer Verzweigung aufgeteilt wird, dann kann er weiter unten nur mit derselben logischen Verknüpfung wieder zusammengeführt werden.

Vor einer Verzweigung muss eine Aktivität stehen, deren Ergebnis die Entscheidung über die Verzweigung enthält („Rechnung prüfen“). Nach einer Verzweigung steht an jedem Strang ein Ereignis, welches das Ergebnis der Prüfung darstellt. Vor einer Zusammenführung steht jeweils ein Ereignis, nach der Zusammenführung kann direkt eine Aktivität stehen.

Teil 4: Methoden zur Diagnose von Geschäftsprozessen

In diesem Kapitel lernen Sie die acht Kategorien der Prozessdiagnose kennen und sehen, wie diese konkret in Ihrem Unternehmen überprüft werden können, um Verbesserungspotenziale zu finden. Wir stellen Ihnen einige nützliche Instrumente für Ihre Prozessdiagnose vor, wie z. B. Formularlaufdiagramme und die IAO-Matrix. Außerdem lesen Sie, wie ein Telekommunikationsunternehmen herausfindet, wieso seine Neukunden so lange auf ihren Telefonanschluss warten mussten.

Die Diagnose eines Geschäftsprozesses

Ohne umfassende Diagnose keine heilende Therapie. Diese Aussage aus der Medizin stimmt auch im Prozessmanagement. Es gibt aber hier wie da Berater und Mediziner, welche die Diagnose über Gebühr hinziehen. Das Analysieren von Problemen genießt unter Managern deshalb so große Beliebtheit, weil man, solange man analysiert, nicht entscheiden muss – und wer nicht entscheidet, kann auch keine Fehlentscheidungen treffen.

Wenn wir Ihnen also empfehlen, Ihre Geschäftsprozesse vor der Optimierung gründlich zu durchleuchten, dann wollen wir Ihnen auch ein pragmatisches Diagnosemuster mitliefern, um diese Arbeit zielorientiert und effizient zu gestalten. Merke: Es erleichtert die Suche enorm, wenn man weiß, wonach man sucht.

Damit der Stoff nicht vor Trockenheit zu Staub zerfällt, schildern wir Ihnen an einem konkreten Projektbeispiel die Vorgehensweise einer Prozessdiagnose. Die geistige Vaterschaft an diesem Diagnosemuster können wir leider nicht beanspruchen – wir haben sie, wie vieles andere, bei Michael Hammer gelernt. Doch lesen Sie zunächst die Projektschilderung.

Die Situation:

Ein lokaler Telefon-Festnetzanbieter macht sich auf, dem Goliath Telekom Paroli zu bieten, und gewinnt Kunden dafür, ihre gesamte Telefonie über den neuen Anbieter abzuwickeln. Das bedeutet, dass der Telefonanschluss des Kunden am Hauptverteiler in dessen direkter Nachbarschaft vom Netz der Telekom abgeklemmt und an das Netz des Wettbewerbers angeschlossen wird. Der Wettbewerber schließt nach und nach alle Hauptverteiler in seinem Einzugsbereich an sein Netz an. Die Kabelstrecke zwischen dem Hauptverteiler und dem Haus des Kunden (die sogenannte „letzte Meile") bleibt im Besitz der Telekom – der Wettbewerber zahlt dafür eine Miete an den ehemaligen Staatsbetrieb.

Der entscheidende Geschäftsprozess dieses Telefonanbieters ist die Aktivierung eines neuen Kunden für sein Netz. Entscheidet sich ein Kunde für den neuen Anbieter und gegen die Telekom, gilt es, die Umstellung so schnell wie möglich zu realisieren.

Die Übernahme des Kunden in das neue Netz wird durch einen Auftrag des Kunden an den neuen Netzbetreiber eingeleitet. Es folgen die Aufnahme der Kundendaten, die Schaltung der Telefonnummer in der Verteilung, die Einrichtung eines Gebührenkontos im Abrechnungssystem und natürlich die Weitergabe der Kündigung an die Telekom. Frühestens zehn Tage nach Zustellung der Kündigung an die Telekom kann der Anschluss umgestöpselt werden.

Bei diesem Prozess geht es für das junge Unternehmen ums Ganze. Die Kunden sind noch skeptisch, ob das mit der „freien" Konkurrenz wirklich alles klappt, und warten geradezu auf eine Panne. Nur wenn das Unternehmen alles prompt und fehlerfrei erledigt, ist der neue Kunde zufrieden und empfiehlt seinen Freunden und Geschäftspartnern, auch umzusteigen.

Wir wollen also diesen Prozess „Aktivierung eines neuen Kundenanschlusses" auf sein Verbesserungspotenzial untersuchen.

Unsere Diagnose hat folgenden Inhalt:

- Wir müssen die Ziele des Prozesses klären und überprüfen, ob die Beteiligten die gleichen Ziele vor Augen haben.
- Wir zeichnen den groben Ablauf des Prozesses nach und untersuchen, wie fest oder variabel dieser Ablauf im Alltag ist. Kennen alle Beteiligten den Ablauf?
- Wir stellen fest, wie oft der Prozess benötigt wird, ob es Varianten des Prozesses gibt und wie oft die Varianten zum Tragen kommen.
- Wir wollen wissen, welche Abteilungen und Personen an dem Prozess mitwirken und welche Aufgaben sie darin übernehmen.
- Wir messen die Zeit, die der Prozess vom Anfang bis zum Ende und bis zu den einzelnen Zwischenstationen benötigt.
- Wir stellen fest, welche Fehler im Prozess häufig oder regelmäßig auftreten.
- Wir schätzen die Kosten, die mit der Ausführung eines Prozesses verbunden sind.
- Wir verfolgen den Weg der Informationen durch den Prozess, arbeiten die Medien und Medienbrüche heraus.

Die genannten Erkenntnisinteressen dienen als Richtschnur für die Untersuchung. Sie verhindern, dass wir uns in der Analyse von Details verrennen. Die Richtschnur setzt der Analyse also ein Ende, an das wir uns halten wollen – erst nach der grundlegenden Entscheidung über den Prozess müssen wir gezielt einzelne Details des Prozesses untersuchen.

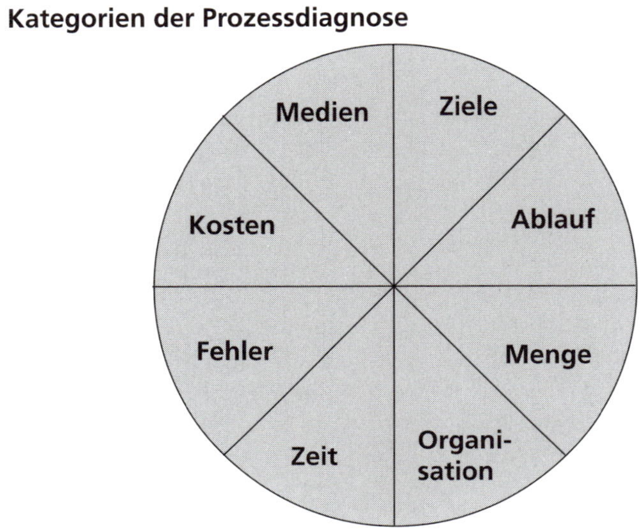

Abb. 4.1:Diagnosekreis: Kategorie der Prozessdiagnose

4.1 Die Ziele

Fangen wir mit den Zielen an, die wir in einer Sitzung mit der Geschäftsführung und den wesentlichen Abteilungsleitern klären.

Der Leiter des Controllings schildert uns die finanzielle Bedeutung des Prozesses: Mit jeder Übernahme eines Kunden wird ein Pauschalbetrag als Ablösesumme an die Telekom fällig. Einnahmen erzielt das Unternehmen aber erst, wenn die erste Rechnung an den neuen Kunden raus ist. „Zeit ist Geld“, klärt uns der Controller auf, „mit jedem Tag in diesem Prozess verlieren wir bares Geld.“

Der Vertriebsleiter weist auf die Beschwerden der Kunden hin: Hier bleibt am Umstellungstag das Telefon tot, dort wurde ein zugesagtes kostenfreies Telefon doch auf die Rechnung gesetzt, wieder dort wurde die falsche Tarifstufe zugrunde gelegt. Allzu häufig beschweren sich Kunden darüber, dass die ganze Umstellungsgeschichte ewig lange dauere und ständig Rückfragen und Papierkram hin- und hergingen. Aus der Technik hören wir eine dritte Geschichte: Die „Kollegen" von der Telekom machen den Technikern das Leben schwer. Da wird peinlich genau darüber gewacht, dass an jedem Tag auch wirklich nur das vereinbarte Kontingent an Kunden umgestellt wird. An jedem Wochentag ist ein anderer Hauptverteiler „dran" – und pro Tag wird eben nur eine bestimmte Zahl von Haushalten umgestellt. Dazu kommt noch, dass eine große Zahl von Kündigungen von der Telekom wegen eines Formfehlers zurückgewiesen wird. Das könne man den Leuten dort auch nicht übel nehmen – mit jedem Tag, den die Geschichte länger dauert, telefoniert der Kunde auf Telekom-Rechnung: „Die haben kein Interesse, das zu beschleunigen."

Wir fassen die wesentlichen Ziele zusammen:

- Zwischen dem Kundenauftrag und der tatsächlichen Umstellung darf nicht zu viel Zeit vergehen.
- Alle Formulare und Informationen müssen auf Anhieb richtig sein, damit der Kunde nicht mit Rückfragen behelligt wird.
- Die Tarifinformationen und Kaufbedingungen müssen korrekt ausgeführt werden.
- Die Formalia gegenüber der Telekom müssen peinlich genau eingehalten werden.

Der erste Punkt ist uns natürlich noch viel zu weich: „Möglichst schnell" – was heißt das? Hier schaltet sich der Geschäftsführer ein: „XY, der lokale Anbieter in der Stadt, schafft das in 12 Tagen – das ist nur zwei Tage länger als die Kündigungsfrist der Telekom. Wir brauchen zwischen vier und sechs Wochen im Schnitt.

- Ich will, dass wir das zukünftig in 15 Werktagen erledigen. 90 Prozent aller Aufträge sollen in höchstens 15 Werktagen erledigt sein."

Ein kurzer Blick in die Runde – es regt sich kein Widerspruch – das war ein Machtwort.

„Die Bonität!“, wirft der Controller ein. „Wir müssen die Bonität der Kunden in die Ziele mit aufnehmen.“ Er erläutert, dass das Telefonunternehmen einen Kunden, der „mau“ ist, nicht so schnell wieder los wird. „Solche Kunden bekommen wir von der Telekom mit Kusshand. Die sind froh, wenn sie die los sind.“ Obendrein zahlt man an den Exmonopolisten ja noch eine Ablösesumme für den Hausanschluss – das lohnt also nur, wenn ein Kunde mindestens ein halbes Jahr bleibt und seine Rechnung immer pünktlich bezahlt. Wir nehmen also noch auf:

- Die Bonität der Neukunden muss einwandfrei geprüft sein.

Also in einem Satz: „Schnell und richtig!“ Bleibt noch zu klären, wie viele von diesen Kundenaufträgen denn zukünftig abgearbeitet werden. Zurzeit bearbeite man gerade mal 200 Aufträge pro Monat, aber der Geschäftsplan sieht eine Steigerung der Kundenzahl auf 800 Abschlüsse pro Monat für die nächsten zwei Jahre vor. „Mehr Personal ist da aber nicht drin“, gibt der Controller zu Protokoll. Damit bekommt das Problem eine Mengen- und Kostendimension: Der Ablauf muss deutlich schneller werden, die Fehler sind zu reduzieren und der Durchsatz bei gleichem Personal ist zu vervierfachen. Noch Fragen?

Die Ziele eines Prozesses müssen auf dem Top-Level festgelegt werden. Das ist in der Theorie leichter gesagt, als in der Praxis getan. Nicht für jeden Prozess im Unternehmen ist das Top-Management zu einer Aussage zu bewegen – unter Umständen kommen Sie gar nicht bis dahin. Ein Prozess braucht einen Sponsor im Unternehmen – einen Manager, der ein Ziel vorgibt und auch das Standing hat, dieses Ziel zu vertreten, wenn es Gefahr läuft, verwässert zu werden. Wichtig ist aber vor allem, dass ein Ziel klar und unmissverständlich ist.

Nicht immer ist dieses Ziel am Anfang der Bemühungen bereits so klar abzustecken, weil die Bedingungen noch nicht klar sind. Wenn also noch keine Zahl genannt werden kann, so muss doch deutlich sein, in welche Richtung und in welcher Dimension die Ziele gesetzt sind. „Kosteneinsparung“ und „Steigerung der Kundenzufriedenheit“ sind allemal zu weich. Es muss schon genauer gewünscht werden: Kostensenkung durch Personalreduktion, durch Materialeinsparung, durch Mengenausweitung? Bleiben diese Ziele diffus, wird das Projekt versanden, sobald ein konkreter Vorschlag für tief greifende Veränderungen auf dem Tisch liegt. Ich erinnere mich an Projekte, wo plötzlich alle anfängliche Unterstützung der Abteilungsleiter verschwunden war, als die Maßnahmen eine Kürzung des Personalschlüssels mit sich brachten. Solange noch allgemein von „Kostensenkung“ die Rede war, fanden sie das ein tolles Projekt, aber als es ans Eingemachte ging, war die Freundschaft zu Ende.

Für die Praxis gilt:

Wer ist der Sponsor des Prozesses? Je höher auf der Unternehmensleiter, desto besser (aber nicht zu weit weg von der Praxis). Stellen Sie sicher, dass diese Person sich der Tragweite von Entscheidungen bewusst ist.

Welche Ziele werden dem Prozess gestellt? Fordern Sie eindeutige und nachprüfbare Ziele. Auch wenn die Größenordnung der Veränderung anfangs noch nicht bekannt ist, sollten die Zielkategorie und die Dimension klar festgelegt sein. (Viele Unternehmen kennen die aktuelle Durchlaufzeit des Prozesses nicht. Wie wollen sie da Zielvorstellungen für eine Verbesserung entwerfen?)

Hinterfragen Sie: Wer kann in der Unternehmenshierarchie abweichende Ziele verfolgen? Sind Ihre Ziele so weit gefestigt, dass sie einem Konflikt standhalten?

4.2 Der Ablauf

Hier geht es (noch) nicht um ein detailliertes Prozessmodell mit allen Eventualitäten. Es geht darum, die wesentlichen Prozessschritte abzugrenzen und die Zuständigkeiten zu klären. Die wichtigsten Schritte sind:

1. Der Start des Prozesses: Dieser wird von verschiedenen Personen unterschiedlich geschildert: In der einen Darstellung löst ein eingegangenes Auftragsformular vom Kunden den Prozess aus. Ist das Formular

fehlerhaft oder unvollständig ausgefüllt, zählt die Ergänzung und Korrektur (ggf. neue Ausstellung) zum Vorlauf des Prozesses. In der anderen Schilderung beginnt der Prozess im Call-Center mit der Entscheidung des Kunden: „Ja, dann will ich das so ...“ In dieser Schilderung gehört der ganze Ablauf – ein Formular versenden, das Formular ausfüllen, die Eingaben überprüfen – zum Prozess dazu.

2. In jedem Fall werden die Kundendaten aus dem Auftragsformular in die Kundendatenbank übernommen, die technischen Daten zum vorhandenen Telefonanschluss überprüft und das Formular zur Kündigung bei der Telekom auf formale Richtigkeit überprüft. Sodann prüfen die Kollegen im Back-Office, ob die Adresse des Kunden in den bereits angeschlossenen Bereichen des Einzugsgebietes liegt. Sind alle Angaben korrekt, folgt der nächste Schritt.
3. Die Daten des Kunden werden zur Prüfung der Bonität an eine Auskunftei übermittelt. Am nächsten Tag kommt ein O. K. der Auskunftei.
4. Erst danach stellt das Back-Office dem Kunden eine Auftragsbestätigung aus und sendet seine Kündigung an die Telekom weiter.
5. Das Back-Office errechnet den nächstmöglichen Termin für die Übernahme (morgen plus 10 Tage, danach der nächste Termin für den betreffenden Hauptverteiler). Der Mitarbeiter ruft beim Kunden an und fragt, ob der Termin recht ist (am Umstellungstag wird der Anschluss für ein bis drei Stunden unterbrochen).
6. Die Technik trägt den Kunden mit seinen Telefonnummern in der Anschlussdatenbank ein. Die Daten werden an die Telekom zur Aufnahme ins Telefonbuch weitergegeben.
7. Die Technik pflegt die Daten des Kunden und die Tarifinformationen auch in die Abrechnungsdatenbank ein.
8. Am Umstellungstag stöpselt ein Techniker des Unternehmens zusammen mit einem Techniker der Telekom den Anschluss vom Telekom-Netz in das neue Netz um.
9. Am Nachmittag des Umstellungstages ruft das Call-Center den Kunden an, um zu prüfen, ob die Umstellung funktioniert.

So weit, so einfach. Bis hierher konnte uns der Controller aus dem Kopf Auskunft geben, aber wir fangen ja jetzt erst an zu fragen.

Erfassung des groben Ablaufmusters:

Je genauer wir den Ablauf erfassen wollen, desto „näher dran" müssen unsere Gesprächspartner sein. Für die erste Orientierung sind meistens die Vorgesetzten der Ausführenden gut genug. Wer zu früh ins Detail steigt, verliert schnell den Überblick. Eine gute Orientierung für den Detaillierungsgrad bilden die organisatorischen Übergänge. Bilden Sie jeweils eine Aktionseinheit, wenn eine Abteilung eine Reihe von Tätigkeiten in Folge erledigt. Weitere Gliederungshilfen sind spezielle Instrumente (Geräte, Materialien, Werkzeuge, DV-Programme, externe Hilfen), die für eine Tätigkeit verwendet werden. Geografische Trennungen sind ebenso gut verwendbar (in unserem Beispiel die Übernahme am Hauptverteiler, auch wenn der Techniker zur gleichen Abteilung gehört wie der Kollege, der die Datenbankeintragungen macht).

Halten Sie den groben Ablauf in einer einfachen Grafik fest und verwenden Sie diese für weitere Gespräche. Fragen Sie, ob aus der Perspektive des Gesprächspartners dieser Ablauf stimmt und welche Bereiche er dazu detaillieren kann. Die Methode des Prozessinterviews lernen Sie im nächsten Kapitel kennen.

Alternativ dazu ist auch eine Erfassung des Ablaufs in einem Workshop möglich. Dokumentieren Sie mit, während Sie immer wieder in die Runde fragen: „Und was kommt als Nächstes?" Beobachten Sie, an welchen Stellen sich Ihre Gesprächspartner nicht auf Anhieb einig sind. Diese Stellen verraten meistens die Pain Points des Prozesses.

Wann soll man den Prozess modellieren?

Für einen groben Überblick reicht ein grobes Modell. Stellen Sie die wichtigen Prozessschritte als Pfeile oder Kästchen in einer PowerPoint-Folie dar. Wenn Sie jetzt versuchen, ein vollständiges und schlüssiges Prozessmodell zu erstellen, müssen Sie eine Menge Detailfragen klären, die jetzt noch nicht an der Reihe sind. Es gehört meiner Ansicht nach zu den häufigsten Fehlern der Prozessanalyse, gleich in der ersten Woche mit einem guten Modell kommen zu wollen. Wir haben noch viele wichtige Fragen, die vorher zu klären sind.

4.3 Häufigkeit des Prozesses

In den Gesprächen mit den Mitarbeitern im Call-Center, im Back-Office, in der Technik stellen wir immer wieder Fragen nach der Anzahl von Prozessfällen:

1. Wie viele Aufträge kommen denn monatlich rein?
2. Wie viele davon können zurzeit gar nicht bearbeitet werden?
3. Wie oft kommt ein negativer Bescheid von der Auskunftei?
4. Wie viele Kunden machen von Sonderangeboten Gebrauch (i. d. R. kostenlose oder subventionierte Endgeräte)?
5. Wie oft kann der erste Termin nicht eingehalten werden, weil der Kunde nicht erreichbar ist?

Welche Zahlen sind wichtig? Maßnahmen gegen den Zahlenfriedhof

Wichtig ist zuerst die Gesamtzahl des Prozesses: Wie häufig wird der Prozess gestartet? Zweitens die Varianten des Prozesses: Jede Entscheidung hat logischerweise mindestens zwei mögliche Ergebnisse. Wir fragen also, welche Prozessvariante welche Bedeutung hat. Hier gleich die Frage: Wie viele der Aufträge können gar nicht bearbeitet werden – wie viele werden tatsächlich bearbeitet? Wenn Ihre Liste mehr als fünf bis sieben Zahlen aufweist, haben Sie einen Denkfehler. Alles, was darüber hinausgeht, ist Statistik.

4.4 Die Organisation

Der Vorgang wechselt mehrfach zwischen den Abteilungen. Insbesondere die Abgrenzung zwischen dem Call-Center und dem Back-Office erscheint komplex. Wir lassen uns genau schildern, wann welche Tätigkeit im Call-Center und wann im Back-Office erledigt wird. Eine Regelmäßigkeit stellt sich heraus: Der Auftrag wird zunächst im Call-Center bearbeitet, weil meistens eine Rückfrage beim Kunden notwendig ist. Wenn diese Rückfragen beim Kunden erledigt sind, legt der Call-Center-Agent eine Akte für den Kunden an und leitet diese an das Back-Office. Die bearbeiten den Fall. Können sie aber den Kunden zwecks Terminabsprache nicht erreichen, geben sie die Sache zurück an das Call-Center – das Call-Center ist Tag und Nacht besetzt.

Eine weitere Besonderheit: Der Kunde wird erst im System „angelegt", wenn alle Informationen auf dem Formular überprüft und bearbeitet wurden. Bis dahin „existiert" der Kunde also nur in Form seines Auftragsformulars auf dem Schreibtisch eines Call-Center-Mitarbeiters! Sollte der Kunde also auf die Idee kommen, zwischendurch anzurufen und nach dem Stand der Dinge zu fragen, weiß keiner Bescheid.

Komplexe Zuständigkeiten aufdecken

Um den Prozess in seiner organisatorischen Komplexität zu erfassen, müssen wir meistens ein klein wenig unter die Oberfläche schauen. Auf den ersten Blick sieht der Ablauf ganz logisch aus. Warum? Weil wir ihn ja anhand der organisatorischen Übergaben gegliedert haben. Aber schon die ersten Nachfragen ergeben schnell, dass die Zuständigkeiten in Wirklichkeit nicht so klar und einfach liegen, wie der erste Eindruck glauben macht. Es geht nicht darum, jede einzelne Übergabe detailliert zu beleuchten: Allein die Diskrepanz zwischen der klaren Struktur an der Oberfläche und den komplexen Zuständigkeiten darunter ist von Bedeutung.

4.5 Der zeitliche Ablauf

Die Angabe zur Gesamtdurchlaufzeit „zwischen vier und sechs Wochen" ist sehr schwammig. Wir ziehen zufällig 20 Kundenakten aus dem Schrank und schauen nach: Das Datum des Auftrags ist auf dem Auftragsformular, für die Umstellung finden wir einen Nachweis des Technikers – prima. Eine (nicht repräsentative) Prüfung von 20 Beispielen zeigt, dass die Schätzung wohl zu optimistisch war. Aber: Wir wissen noch nicht, welcher Schritt wie lange benötigt.

Zu unserer Enttäuschung finden wir dazu keine Information in den Dokumentationen. Also fragen wir die einzelnen Beteiligten. Nach mehreren Gesprächen im Call-Center ziehen wir den Schluss, dass die Akte ungefähr eine Woche nach Auftragserteilung an das Back-Office weitergeleitet wird. Zur Terminvereinbarung verstreicht wieder viel Zeit, weil die Vergabe der wenigen Termine zwischen den beteiligten Personen kompliziert ist. Die Akte geht mehrfach zwischen Back-Office und Call-Center hin und her.

Bei der Aufnahme in die Vermittlungsdatenbank besteht ein Stau von aufgelaufenen Fällen. Wir hören über Krankheit, über eine kaputte Datenbank, über eine neue Version der Software und dass der Backlog wahrscheinlich in zwei Wochen abgearbeitet ist.

Frage: „Was passiert eigentlich, wenn der Kunde bis zum Übernahmetag nicht in der Vermittlungsdatenbank ist?“ – Erst betretenes Schweigen, dann: „Tja – dann kann er nicht telefonieren.“ Frage: „Kommt das oft vor?“ – „Eigentlich ... so gut wie nie ...“ Wir notieren diesen Punkt für die spätere Detailanalyse.

Erstes Fazit

Eine erste Verzögerungsquelle scheint bei der Erstbearbeitung des Auftrags zu liegen, eine zweite in der Vereinbarung des Übernahmetermins. Die Eintragung des Kunden in die technischen Datenbanken hat eigentlich einen zeitlichen Puffer durch die Telekom-Kündigungsfrist, aber der wird ausgenutzt und gelegentlich auch überschritten, weil sich diese Tätigkeiten über Gebühr verschieben. Wir brauchen dazu noch genauere Informationen und entwerfen ein einfaches Formblatt. Dieser Bogen soll den Verlauf eines jeden Kundenfalls zeitlich nachvollziehen. Für die nächsten drei Wochen sollen die Mitarbeiter hier Datum und Handzeichen eintragen, wenn ein Meilenstein des Prozesses erreicht wurde.

- Kunde ist in Kundenstamm angelegt.
- Bonität ist geprüft.
- Kündigung ist an Telekom versandt.
- Kunde ist in Vermittlungsdatenbank eingetragen.
- Kunde ist in Abrechnungsdatenbank eingetragen.
- Anschluss ist übernommen.

Diese Methode ist zwar ziemlich hausbacken, aber sie hilft. Allerdings ist es nicht unser Ziel, dem vorhandenen Papierkram ein weiteres Formular hinzuzufügen – also müssen wir deutlich machen, dass dieses Blatt nur für begrenzte Zeit benötigt wird (zukünftig soll der Prozess diese Daten selbstständig liefern)!

Die Bestimmung der Durchlaufzeit ist ohne saubere Dokumentation wie ein Stochern im Nebel. In sehr vielen Fällen finden wir aber keine Dokumentation, die uns zu jedem Prozess den Anfang und das Ende eindeutig zuordnet. Man stelle sich vor, die Notiz über die Übernahme des Anschlusses wäre nicht in der Kundenakte, sondern in einem Tagebuch der Technik eingetragen worden. Wir hätten – allein um die Durchlaufzeit zu bestimmen – zu jedem Fall in der Stichprobe den entsprechenden Eintrag im Tagebuch des Technikers finden müssen. Ein Laufzettel, auf dem die wichtigsten Meilensteine des Prozesses notiert werden, ist überall da möglich, wo ein Dokument körperlich durch den Prozess geleitet wird. Er stellt keine ideale Lösung dar, ist aber ein probates Hilfsmittel, die Zeiten objektiv festzuhalten.

4.6 Häufige Fehler im Prozess

Aus den bisherigen Schilderungen haben wir bereits Vermutungen über die auftretenden Fehler:

- Die formalen Anforderungen an eine Kündigung bei der Telekom sind nicht erfüllt, die Telekom akzeptiert die Kündigung nicht.
- Konditionen von Sonderaktionen des Marketings werden bei der Abwicklung des Auftrags „vergessen“.
- Die Terminabsprache zur Übernahme dauert zu lange.
- Die Eintragung in die Vermittlungsdatenbank hat einen Auftragsstau.

Wenn wir mit unserem oberflächlichen Prozessdiagramm durch das Unternehmen gehen und Beteiligte des Prozesses fragen, wird diese Liste schnell anwachsen. Die beteiligten Personen sind in der Regel mitteilsam, was Schwachstellen und Verbesserungen angeht – sie sind dankbar, dass ihre Sicht der Dinge zur Kenntnis genommen wird.

An dieser Stelle ist es zunächst wichtig, die Fehler im Prozess zu sammeln und ihre Bedeutung zu veranschaulichen. Welches sind die Folgen der Fehler für den Kunden? Welche Kostenauswirkung haben die Fehler? In einer späteren Analyse ist es wichtig, sich mit den Ursachen der Fehler zu beschäftigen. Hier helfen gemeinsame Sitzungen mit verschiedenen Beteiligten unter Zuhilfenahme eines Ursache-Wirkungs-Diagramms.

4.7 Kosten des Prozesses

Dieser Punkt der Diagnose ist besonders heikel. Es ist ein bekannter Sport unter Beratern, die Kosten eines Prozesses „vorher" möglichst hoch zu rechnen, damit „nachher" die Einsparungen umso besser aussehen. Aus diesem Grund warnen wir vor zu viel Leichtgläubigkeit.

Wie will man die Kosten eines Prozesses fassen? Wenn man die Zeiten für die einzelnen Arbeitsschritte addiert und mit einem Kostenfaktor bewertet, bekommt man einen theoretischen Wert für die Arbeitskosten – doch der ist reichlich idealisiert, weil die vielen Rückfragen, Korrekturen und durch Unterbrechungen verursachten zusätzlichen Arbeiten nicht bewertet werden. Hier steckt aber das Geld.

Ein Prozess ist dann kostengünstig, wenn er ohne Fehler, Nacharbeit, Rückfragen, Abgleiche, Datenübertragungen und Medienbrüche funktioniert. Die durch solche Mängel verursachte zusätzliche Arbeit ist aber nur selten zu quantifizieren. Hier helfen subjektive Einschätzungen. Zum Beispiel geben die Mitarbeiter des Back-Office zu Protokoll, sie hätten das Gefühl, „die Hälfte der Zeit" damit zuzubringen, „irgendwelchen Leuten" hinterher zu telefonieren. Das ist beileibe keine präzise Aussage. Darin steckt aber die Information, dass der Anteil unproduktiver Arbeit subjektiv sehr hoch eingeschätzt wird. (Klingt doch gleich viel besser, oder?)

Diese Einschätzung gilt es mit Zahlen auf Plausibilität zu überprüfen. Dazu haben wir zwei Vorgehensweisen: Die eine – oben erwähnt –: Addition der geschätzten Dauer der erforderlichen Arbeitsschritte im Idealfall. Die andere Methode stellt dieser idealen Summe die tatsächlichen Personalkosten gegenüber. Dazu addieren wir die Personalkosten der mit dem Prozess hauptsächlich beschäftigten Personen und teilen diese durch die Anzahl der Prozesse. Dazu gehören noch einige Abgrenzungen (im Call-Center werden neben den Neuaufnahmen noch die Interessenten beraten und wird technische Hilfe für die bestehenden Kunden gegeben). Diese Abgrenzungen sind aber schnell überschlägig zu ermitteln.

Im Call-Center arbeiten sechs Personen tagsüber, davon ist eine mit der technischen Hotline betraut, die übrigen bearbeiten zu zwei Dritteln die Neukundenaufnahme. Die Spätschicht (zwei Personen) verbringt etwa ein Viertel ihrer Zeit mit Rückfragen zur Aktivierung des Telefonanschlusses. Das ergibt eine Summe von rund 150 Stunden pro Woche. Die vier Personen im Back-Office sind zu 80 Prozent mit der Aktivierung des Telefonanschlusses beschäftigt: noch mal 130 Stunden. Je eine Person in der Technik ist für die Vermittlungs- und die Abrechnungsdatenbank zuständig: weitere 80 Stunden. Drei Techniker fahren durchs Land und führen die Umstellungen am Hauptverteiler aus: noch mal 120 Stunden.

Brutto-Arbeitsstunden für den Prozess Aktivierung eines Telefonanschlusses pro Woche

Call-Center	150 Stunden
Back-Office	130 Stunden
Technik (Datenbanken)	80 Stunden
Technik (Hauptverteiler)	120 Stunden
gesamt:	**480 Stunden**

Bei 50 Aufträgen pro Woche wären das rund 10 Stunden pro Auftrag. Dagegen die Summe der einzelnen Arbeitsschritte:

Netto-Arbeitsaufwand für die einzelnen Arbeitsschritte

Aufnahme des Kunden in die Stammdaten	0,5 Stunden
Übertragung an Auskunftei	0,1 Stunden
Auftragsbestätigung und Kündigung an Telekom	0,5 Stunden
Eintrag in Vermittlungsdatenbank	0,3 Stunden
Eintrag in Abrechnungsdatenbank	0,4 Stunden
Umstellung am Hauptverteiler	0,2 Stunden
übrige Arbeiten (pauschal)	1 Stunde
gesamt:	**3 Stunden**

Diese Diskrepanz zwischen der Summe der reinen wertschöpfenden Tätigkeit und der tatsächlich verbrauchten Arbeitszeit ist nicht selten. Sie macht deutlich, dass noch gehörig „Fett im Gewebe“ sitzt.

Eine solche überschlägige Betrachtung ist keineswegs genau. Sie ermöglicht aber, einige Eckpunkte festzulegen:

- Eine Halbierung des Zeitaufwandes für einen Bearbeitungsfall ist möglich.
- Diese Verbesserung würde aber nicht reichen, um die Steigerung von 200 Fälle auf 800 Fälle im Monat aufzufangen.
- Selbst die (allenfalls theoretisch mögliche) Verkürzung auf drei Stunden würde dazu nicht ausreichen.

Das bedeutet, dass der Ablauf grundlegend verändert werden muss, um die Vorgabe der Geschäftsleitung umzusetzen.

Die Gegenüberstellung von überschlägig ermittelten „theoretischen Kosten“ pro Fall zu den ebenso ermittelten Personalkosten der beteiligten Bereiche ist ein guter Motivator für weitergehende Veränderungen und Analysen. Wichtig bei dieser Schätzung: die Dauer der einzelnen Arbeitsschritte eher länger als kürzer schätzen, die Anteile des Prozesses an den Stunden der Abteilungen eher am unteren Ende der Skala schätzen. Wenn die verbleibende Spanne dann immer noch signifikant ist, können Sie den Befund verwenden.

4.8 Medien und Informationen

Wir finden heraus, welche Formulare und Medien in dem Prozess verwendet werden, und stellen diese in einer Tabelle zusammen:

Organisation	**formlose Medien**	**Formblätter**	**Programme**
Call-Center	• Telefon zum Kunden	• Auftragsformular • Kündigungsformular Telekom	• Vertriebsinfosystem • Kundendatenbank (Maske a und Maske b)
Back-Office	• Telefon zumKunden • Fax zur Auskunftei • Fax zur Abrechnungstechnik	Kündigungsformular Telekom Terminkalender Techniker Auftragsblatt Techniker	• Kundendatenbank (Maske a und c)
Vermittlungstechnik			• Kundendatenbank (Maske a) • Vermittlungsdatenbank
Abrechnungstechnik	Fax von Back-Office		• Abrechnungsdatenbank
Techniker		• Auftragsblatt Techniker • Umstellungsbestätigung • Arbeitsnachweis	

Eine andere Darstellung zeigt den Zusammenhang zwischen den verwendeten Formularen und Dokumenten:

4.8.1 Das Formularlaufdiagramm

Um alle verwendeten Dokumente und Datensätze in einem Überblick zu sammeln, verwenden wir ein Formularlaufdiagramm. In dieser Tabelle tragen wir senkrecht die Arbeitsschritte des Prozesses, waagerecht die einzelnen Dokumente ab. In den Kreuzungspunkten vermerken wir, was wann mit den Dokumenten geschieht:

Ein Dokument wird neu erstellt (N), es wird bearbeitet (X), es dient als Informationsquelle (Q), es wird nach außerhalb versandt (V), es wird abgelegt (A).

Beispiel für ein Formularlaufdiagramm

Abteilung	Prozess: Aktivierung eines neuen Telefonanschlusses	**Objekte:**	Vertriebsinfosyst.	Auftragsformular	Kündigung TK	Kopie Kündigung	Kundendatenbank	Fax an Auskunftei	Bescheid Bonität	Terminkalender	Auftrag an Technik	Bildschirmausdr.	Auftragsbestät.	Kop. Auftragsbest.	Vermittl.-DB	Abrechnungs-DB	Arbeitsnachweis	Übernahmebestät.
	Arbeitsschritt:		a	b	c	d	e	f	g	h	i	j	k	l	m	n	o	p
CC	Kunden in Vertriebs-DB aufnehmen	1	N															
CC	leeres Auftragsformular zusenden	2	Q	N V	N V													
CC	Auftragsformular annehmen	3		X	X													
CC	Kundenstammdatensatz erstellen	4		Q			N											
BO	Anfrage Auskunftei erstellen	5		Q				N										
BO	Anfrage versenden	6					Q	V										
BO	Antwort entgegennehmen	7							N									
BO	Auftrag annehmen/ablehnen	8					Q		Q				N	N				
BO	Auftragsbestätigung versenden	9											V					
BO	Kündigung Telekom kopieren	10			Q	N												
BO	Kündigung an Telekom senden	11			V													

BO	in Kundenakte ablegen	12		A		A			A					A				
BO	Termin Übernahme festlegen	13					Q			Q	N							
BO	Auftrag an Technik weiterleiten	14									X							
BO	Bildschirmausdruck erstellen	15					Q					N						
BO	per Fax übermitteln	16										X						
VT	Datensatz anlegen	17					Q								N			
AT	Datensatz anlegen	18										Q				N		
NT	Übernahme ausführen	19									Q						N	N
BO	Übernahme-bestät. abheften	20																A
NT	Arbeitsnachweis abheften	21															A	

Legende: N = Dokument wird erstellt; Q = Dokument wird als Informationsquelle für anderes Dokument verwendet; X = Dokument wird bearbeitet; V = Dokument wird versandt; A = Dokument wird abgelegt

CC = Call-Center; BO = Back-Office; VT = Vermittlungstechnik; AT = Abrechnungstechnik; NT = Netztechnik

Beide Methoden geben einen Status der im Prozess verwendeten Medien und Dokumente, der Inhalt der Medien tritt hier nicht so gut hervor. Dafür haben wir zwei weitere Instrumente vorzuschlagen:

4.8.2 Einen Prozess nachverfolgen

Die erste Methode ist wenig formalisiert, aber ein wirklich guter Augenöffner, wenn ein Prozess unter Medienbrüchen leidet: Verfolgen Sie eine wichtige Information (in unserem Beispiel den Kundennamen) durch den

Prozess und schildern Sie, was dieser Information in diesem Durchlauf „angetan“ wird.

- Der Kunde ruft im Call-Center an und informiert sich über das Angebot. Er entschließt sich, das Angebot anzunehmen. Der Call-Center-Agent erfasst den Kundennamen nach telefonischer Angabe im Vertriebsinformationssystem als Interessent.
  - Übergabe: Telefon -> Vertriebsinformationssystem
- Dem Kunden wird das Auftragsformular zugesandt. Die im Vertriebsinformationssystem gespeicherte Adresse wird als Anschrift verwendet.
  - Übergabe: Vertriebsinformationssystem -> Brief (automatischer Ausdruck)
- Der Kunde füllt das Auftragsformular und die Kündigung an die Telekom handschriftlich aus und sendet das Formular zurück.
  - Übergabe: handschriftliche Erfassung auf Formblatt
- Der Call-Center-Agent übernimmt die Daten des Formblattes in die Kundendatenbank als Kunde.
  - Übergabe: handschriftlicher Eintrag -> Kundendatenbank
- Der Back-Office-Mitarbeiter schreibt den Kundennamen, Wohnort und Geburtsdatum auf ein Fax an die Auskunftei.
  - Übergabe: Kundendatenbank -> Fax (manuelle Erfassung am PC)
- Die Bildschirmmaske wird ausgedruckt und an die Abrechnungstechnik gefaxt.
  - Übergabe: Kundendatenbank -> Fax (Bildschirmausdruck)
- Der Vermittlungstechniker überträgt den Namen aus der Kundendatenbank in die Vermittlungsdatenbank.
  - Übergabe: Ausdruck aus Kundendatenbank -> Vermittlungsdatenbank (manuell)
- Der Datenbankexperte in der Abrechnung erhält ein Fax vom Back-Office. Er übernimmt die Angaben in die Abrechnungsdatenbank.
  - Übergabe: Fax -> Datenbank (manuelle Eingabe)

Mehrere Befunde werden hier deutlich:

1. Die Eintragung in der Vertriebsdatenbank ist eine Sackgasse – die vorhandenen Daten werden nicht weiter verwendet.
2. Die kritische Erfassung erfolgt nicht im Unternehmen, sondern beim Kunden, zudem noch handschriftlich – Tür und Tor weit offen für Eingabefehler.
3. Die Anzahl der manuellen Übergaben im Haus ist zu hoch.

Die Geschichte einer Information auf der Reise durch den Prozess macht anschaulich deutlich, dass ein Prozess in der Fragmentierung von Tätigkeiten, Zuständigkeiten und Informationen stecken bleibt.

Michael Hammer stellte diese Methode unter das Motto:

Staple yourself to the process.

Erleben Sie den Prozess. Tun Sie, als seien Sie an einen Vorgang getackert, von einem Postkorb in den nächsten verlegt und als warteten Sie geduldig über Stunden und Tage, bis Sie aus dem Stapel befreit und mit einem erlösenden Stempel wieder zum Leben erweckt würden.

4.8.3 Die I-A-O-Matrix

Die Input-Aktivität-Output-Matrix, ein weiteres Instrument zur Analyse und Darstellung, bietet bereits den Ansatz zur Optimierung der Informationsmedien:

- Interne und externe Inputs und Outputs: die I-A-O-Matrix

Hier wird in einer Tabelle zusammengestellt, welcher Arbeitsschritt welche Informationen benötigt und welche er am Ende bereitstellt. Beachten Sie bitte, dass hier nicht der aktuelle Ablauf dargestellt, sondern ein idealisierter Ablauf angenommen wird. Wir fragen danach, was die einzelnen Schritte brauchen.

Mit der I-A-O-Matrix bilden Sie also nicht ab, wer welche Information an welcher Stelle bekommt, sondern wer welche Informationen von wo bekommen sollte (und welche Informationen „produziert“ werden). Input heißt für die I-A-O-Matrix Information(en). Das ist manchmal zwar nur eine Frage des Wordings, aber ein „Formular“ oder ein Fax ist erst mal keine Information, sondern ein Medium, das Informationen transportiert. Detaillieren Sie das mit dem Hinweis, welche Informationen hier im jeweiligen Arbeitsschritt via Fax oder Formular transportiert werden. Für die I-A-O-Matrix genügt eine einfache Excel-Tabelle, in der Sie zunächst die Tätigkeiten in den Prozessschritten eintragen (detaillieren Sie das nicht zu sehr, das ist nicht notwendig). Anschließend überlegen Sie, welche Informationen Sie für diese Tätigkeiten benötigen und woher Sie diese bekommen. Die I-A-O-Matrix ist übrigens eine gute Grundlage für die Einführung einer Workflow-Management-Software.

	Kundenstamm anlegen	Bonität prüfen	Kündigung an Telekom senden	Aufnahme Abrechnungsdatenbank	Aufnahme Anschlussdatenbank	Umstellung Anschluss
externer Input						
interner Input						
Tätigkeit						
interner Output						
externer Output						
Ablage						

Diese Tabelle ist nur in leerem Zustand auf einer Seite darstellbar. In die Zellen werden jetzt die Informationen eingesetzt, die der Prozess an dieser Stelle braucht oder produziert. Für gewöhnlich ist dabei die erste Spalte prall gefüllt, denn am Anfang eines Prozesses werden die meisten Informationen eingespeist. In unserem Beispiel: Kundenname und Anschrift, Kontoverbindung, zu portierende Telefonnummer(n), vorhandene Anschlussart, Tarifwunsch.

Aufgabe 1:

Lösen Sie das Rätsel: Warum sind die beiden Felder in der Tabelle grau gefärbt?

Die Lösung finden Sie auf Seite 115.

Die Begriffe Input und Output sind in der Analyse des Prozesses mittels I-A-O-Matrix klar bezogen auf den Informationsaspekt und sind damit an dieser Stelle enger zu verstehen, als wir es bisher getan haben. Wir fragen uns bei der Erstellung der I-A-O-Matrix, welche Informationen wir in welchem Arbeitsschritt brauchen (Input) und welche wir nach jedem Arbeitsschritt produziert haben (Output). Output ist also nicht unbedingt das „Arbeitsergebnis des Prozesses“ (z. B. umgestöpselter Anschluss), sondern die Information darüber (also Erledigungsanzeige und Info an den Kunden). „Anschluss umstöpseln“ ist hier eine Aktivität im Arbeitsschritt „Umstellung Anschluss“ am Ende des Prozesses.

Die benötigten Informationen (Input) werden danach unterschieden, ob sie in demselben Prozess schon einmal vorhanden waren oder nicht.

- Alle Information, die bereits in einem früheren Arbeitsschritt vorgelegen haben, sind interner Input.
- Alle Informationen, die dem Prozess neu hinzugefügt werden, sind externer Input.

Dementsprechend sind alle Ausgabe-Informationen eines Arbeitsschrittes, die später im Prozess noch benötigt werden, interner Output, alle Informationen, die in anderen Prozessen Verwendung finden, externer Output. Informationen, die weder in diesem noch in einem anderen Prozess benötigt werden, sind Gegenstand der Ablage. (Hier ist nicht die Rundablage [der Papierkorb] gemeint, denn Informationen, die zu nichts nütze sind, wollen wir in diesem Ablauf nicht mehr haben.)

Der Nutzen der I-A-O-Matrix

Die I-A-O-Matrix hilft dabei, einen Ansatz zur Optimierung der Informationsmedien in einem Prozess zu entwickeln. Wenn die I-A-O-Matrix zeigt, dass von Anfang an bestimmte Daten durchgehend gebraucht werden (wie bestimmte Kundendaten), und in der Realität zu sehen ist, dass diese Informationen aber viel zu lange nur auf Formular Z bei Call-Center-Agent Y stehen, während sie doch längst woanders auch gebraucht werden, dann habe ich hier einen ersten Optimierungsansatz.

Betrachten wir den beschriebenen Fall des Telekommunikationsunternehmens. Welches sind die Aktivitäten im ersten Arbeitschritt?

- Auftragsformular prüfen, eventuell ergänzen/korrigieren
- Aufnahme in die Kundendatenbank
- technische Daten zum Anschluss prüfen
- Einzugsgebiet überprüfen

Der externe Output sind die eingegebenen „Daten in der Kundendatenbank“, das heißt, diese Daten brauchen wir auch noch außerhalb dieses Prozesses. Der interne Output sind hier ebenfalls Kundendaten: die Kundenannahme, Adresse, Konto, Tarifwunsch, Anschlussart, Telefonnummer – denn diese Daten werden im Prozess noch gebraucht. In der Ablage sollte am Ende des ersten Arbeitsschrittes das Auftragsformular liegen.

Externer Input ist in diesem Prozess nur nötig bei:

1. den Kundendaten vom Kunden
2. der Bonität über die Auskunftei
3. dem abgestimmten Umstellungstermin mit dem Kunden (Terminkalender)

Alles andere ist interner Input. Die Realität des beschriebene Fallbeispiels sah natürlich anders aus, denn hier wurden die Kundenstammdaten im zweiten Prozessschritt als externer Input behandelt und neu eingegeben – mit allen Folgen für die weitere Arbeit mit zwei Datenbanken.

Richtig ist, dass die Kundendaten im ersten Arbeitsschritt bis zum Meilenstein „Kundenstamm anlegen“ zu internem und externem Output werden. Damit sind sie in den weiteren Prozessschritten interner Input (man hat sie jetzt ja.)

In allen weiteren Prozessschritten (Bonität prüfen, Kündigung an Telekom senden, Aufnahme in die Abrechnungsdatenbank, Aufnahme in die Vermittlungsdatenbank, Umstellung Anschluss) brauchen wir dann die Kundendaten aus Schritt eins und nur noch die Bonitäts- und die Termininformation als externen Input.

Aufgabe 2:

Wie sieht also die I-A-O-Matrix für diesen Fall aus? Erstellen Sie eine I-A-O-Matrix für den dargestellten Prozess des Telekommunikationsunternehmens. Die Lösung finden Sie auf Seite 115/116.

Aufgabe 3:

Von den folgenden Aussagen entsprechen sieben Sätze dem Inhalt des Lernbausteins „Diagnose“, sieben Aussagen drücken andere Meinungen aus. Finden Sie heraus, mit welchen Aussagen die Autoren des Kapitels einverstanden sein werden.

Aussage	**ja**	**nein**
Zu Beginn der Prozessdiagnose müssen die Ziele der Optimierung quantitativ nachprüfbar vereinbart werden.		
Anfang, Ende, Entscheidungspunkte und organisatorische Übergaben bilden ein gutes Raster für die erste Ablaufbeschreibung.		
Mengenangaben über den Prozess sollen uns eine Orientierung über den ungefähren Ressourcenbedarf und die Bedeutung von Alternativen an den Entscheidungsknoten geben.		
Zur Feststellung des Organisationsaspektes im Prozess wird ein Organigramm des Unternehmens gezeichnet.		
Wir versuchen, die Dauer des Prozesses und der wichtigsten Prozessabschnitte aus den Dokumentationen des Prozesses und aus der Befragung der Beteiligten zu ermitteln.		

Der Ablauf eines Prozesses ist in einem standardisierten Diagramm in Form einer ereignisgesteuerten Prozesskette vorzunehmen.		
Die Ziele der Prozessoptimierung können erst im Laufe der Diagnose konkret bestimmt werden – am Anfang müssen sie in ihrer groben Richtung und der angepeilten Größenordnung vorgegeben werden.		
Zur Ermittlung der Kosten stellen wir den tatsächlichen überschlägigen Personalbedarf des Prozesses dem geschätzten Aufwand der reinen wertschöpfenden Tätigkeiten gegenüber.		
Es ist wichtig zu wissen, wie viele Personen an einem Prozess beteiligt sind und zu welchen Abteilungen sie gehören.		
Zur Erfassung des zeitlichen Ablaufs muss man die Ausführung der einzelnen Schritte mit einer Uhr messen.		
Die in einer Prozessdiagnose aufgeführten Fehler im Prozess sind genau zu belegen.		
Für die Einschätzung von Mengengerüsten genügt es zu wissen, ob es sich um einen Massen- oder einen Individualprozess handelt.		
Zur Darstellung des Informationsaspektes ist es wichtig, den Weg der Informationen durch die verschiedenen Formulare und Programme nachzuzeichnen.		
Zur Einschätzung von Fehlern im Prozess greifen wir auf die subjektive Wahrnehmung von Beteiligten und Kunden des Prozesses zurück. Die geschilderten Fehler verwenden wir als Indizien für das Optimierungspotenzial des Prozesses.		
Eine Ermittlung von Prozesskosten ist nur sinnvoll, wenn eine Prozesskostenrechnung mit SAP installiert ist.		
Bei der Analyse des Informationsflusses geht es um die Aufzählung der verwendeten Formulare und Programme.		

Die Lösung finden Sie auf Seite 116–118.

Lösungen

Aufgabe 1

Warum sind die beiden Felder in der Tabelle grau gefärbt?

Im ersten Prozessschritt kann es noch keinen internen Input geben, im letzten keinen internen Output. Ein Prozess hat schließlich einen Anfang und ein Ende – deshalb die gegraute Fläche.

Aufgabe 2

Wie sieht also die I-A-O-Matrix für diesen Fall aus? Erstellen Sie eine I-A-O-Matrix für den dargestellten Prozess des Telekommunikationsunternehmens.

	Kunden-stamm anlegen	Bonität prüfen	Kündigung an Telekom	Aufnahme Anschluss-datenbank	Aufnahme Abrechnungs-datenbank	Umstellung Anschluss
externer Input	Kunden-name, Adresse, Konto, Tarif-wunsch, Anschluss-art, Tel.-Nr., Einzugsge-biet	Bonitäts-info	Termin Umstellung			
interner Input	Vorher ist ja nichts.	Kundenda-ten, Konto	Kundenda-ten	Kundenda-ten, Umstel-lungs-termin	Kundenda-ten, Tarif-wunsch	Kunden-daten, Umstel-lungs-termin

Aktivität	Auftragsformular prüfen, ergänzen, Rücksprache, Aufnahme in Kunden-DB, techn. Daten zum Anschluss prüfen, Einzugsgebiet überprüfen	Übermittlung der Daten an die Auskunftei	Kündigung an Telekom senden und Auftragsbestätigung an Kunden, Umstellungstermin mit Kunden klären	Anlegen der Kundendaten in der Anschlussdatenbank, Daten an Telekom für das Telefonbuch geben	Anlegen der Kundendaten in der Abrechnungsdatenbank	Anschluss umstöpseln
interner Output	Kundendaten: Kundenname, Adresse, Konto, Tel.-Nr., Einzugsgebiet, Tarifwunsch, Anschlussart	Bonität ist o.k.	Umstellungstermin			Nachher ist ja nichts.
externer Output	Kundendaten in Kunden-DB		Kündigung Telekom	Telefonbuchdaten an Telekom	Rechnungsstellung	Erledigungsanzeige
Ablage	Auftragsformular					

Aufgabe 3

Von den folgenden Aussagen entsprechen sieben Sätze dem Inhalt des Lernbausteins „Diagnose“, sieben Aussagen drücken andere Meinungen aus. Finden Sie heraus, mit welchen Aussagen die Autoren des Kapitels einverstanden sein werden.

Aussage	ja	nein
Zu Beginn der Prozessdiagnose müssen die Ziele der Optimierung quantitativ nachprüfbar vereinbart werden.		x

Quantitativ nachprüfbare Ziele können wir erst definieren, wenn wir wissen, wo der Prozess jetzt steht. Die ersten formulierten Ziele geben uns nur Auskunft über Art und Größenordnung der Optimierung (Personalkosten nachhaltig senken, Ausschuss halbieren etc.).		
Anfang, Ende, Entscheidungspunkte und organisatorische Übergaben bilden ein gutes Raster für die erste Ablaufbeschreibung.	x	
Mengenangaben über den Prozess sollen uns eine Orientierung über den ungefähren Ressourcenbedarf und die Bedeutung von Alternativen an den Entscheidungsknoten geben.	x	
Zur Feststellung des Organisationsaspektes im Prozess wird ein Organigramm des Unternehmens gezeichnet.		x
Ein Organigramm ist nicht die Darstellung des Organisationsaspektes. Uns ist vielmehr wichtig, die vielen Übergaben zwischen den Abteilungen im Prozess zu verdeutlichen. Das Organigramm stellt einen statischen Aufbau des Unternehmens dar und hat per se keinen Bezug zu seinen Prozessen.		
Wir versuchen, die Dauer des Prozesses und der wichtigsten Prozessabschnitte aus den Dokumentationen des Prozesses und aus der Befragung der Beteiligten zu ermitteln.	x	
Der Ablauf eines Prozesses ist in einem standardisierten Diagramm in Form einer ereignisgesteuerten Prozesskette vorzunehmen.		x
Wie Sie den Ablauf darstellen, ist zweitrangig. Eine ereignisgesteuerte Prozesskette ist ein sehr hoch abstrahiertes und standardisiertes Werkzeug, das nur von Eingeweihten gelesen werden kann. Wenn Sie in Ihrem Umfeld lauter Personen haben, die an EPK gewöhnt sind, können Sie dieses verwenden. Wenn nicht, ist das eher kontraproduktiv.		
Die Ziele der Prozessoptimierung können erst im Laufe der Diagnose konkret bestimmt werden – am Anfang müssen sie in ihrer groben Richtung und der angepeilten Größenordnung vorgegeben werden.	x	
Siehe oben meine Anmerkungen zu quantitativ nachvollziehbaren Zielen.		
Zur Ermittlung der Kosten stellen wir den tatsächlichen überschlägigen Personalbedarf des Prozesses dem geschätzten Aufwand der reinen wertschöpfenden Tätigkeiten gegenüber.	x	
Diese Näherung bringt eine gute Einschätzung über das Optimierungspotenzial in den Kosten.		
Es ist wichtig zu wissen, wie viele Personen an einem Prozess beteiligt sind und zu welchen Abteilungen sie gehören.	x	

Zur Erfassung des zeitlichen Ablaufs muss man die Ausführung der einzelnen Schritte mit einer Uhr messen.		x
Wenn Sie das Prozessprojekt schnell zum Abbruch führen wollen, empfehle ich, möglichst überall mit der Stoppuhr aufzutreten.		
Die in einer Prozessdiagnose aufgeführten Fehler im Prozess sind genau zu belegen.		x
Sie sind nicht bei Gericht. Wichtig ist die Einschätzung von Beteiligten, Kunden und Lieferanten des Prozesses. Wenn in den Interviews jemand einen Fehler benennt, notieren Sie diesen, legen aber nicht offen, wer ihn benannt hat.		
Für die Einschätzung von Mengengerüsten genügt es zu wissen, ob es sich um einen Massen- oder einen Individualprozess handelt.		x
Etwas genauer müssten wir es schon wissen.		
Zur Darstellung des Informationsaspektes ist es wichtig, den Weg der Informationen durch die verschiedenen Formulare und Programme nachzuzeichnen.	x	
Zur Einschätzung von Fehlern im Prozess greifen wir auf die subjektive Wahrnehmung von Beteiligten und Kunden des Prozesses zurück. Die geschilderten Fehler verwenden wir als Indizien für das Optimierungspotenzial des Prozesses.	x	
Eine Ermittlung von Prozesskosten ist nur sinnvoll, wenn eine Prozesskostenrechnung mit SAP installiert ist.		x
Keineswegs. Die Prozesskostenrechnung würde es zwar erleichtern, aber eine Näherung ist auch auf einfache händische Weise möglich.		
Bei der Analyse des Informationsflusses geht es um die Aufzählung der verwendeten Formulare und Programme.		x
Nein, eine Aufzählung reicht nicht. Wir müssen schon wissen, wer welches Formular ausfüllt und woher derjenige seine Informationen nimmt. Wie oft werden Informationen von einem Medium in ein anderes übertragen?		

Teil 5: Recherchemethoden

In diesem Kapitel lernen Sie vier Recherchemethoden kennen, mit denen Sie den fünf Aspekten des Prozessmanagements in der Praxis auf die Spur kommen. Die bewährten Methoden der Recherche von Geschäftsprozessen sind das Prozessinterview, der Prozessworkshop, die Akten- und Datenrecherche und die teilnehmende Beobachtung.

Bei den verschiedenen Methoden geht es weniger um ein Entweder-oder, sondern um den richtigen Einsatz. Denn je nachdem, welche Fragen für Sie aktuell sind, werden Sie unterschiedliche Wege zu den Informationen suchen müssen.

5.1 Teilnehmende Beobachtung

Staple yourself to the process.

In dieser Methode klammern Sie sich selbst an den Vorgang. Denn wenn Sie einen Prozess und seinen Ist-Zustand wirklich verstehen wollen, müssen Sie selbst auf die „Ameisenebene" gehen, vielleicht sogar operativ mitarbeiten. Begleiten Sie die Ausführenden in allen Prozessschritten und fragen Sie. Bevor Sie sich diesen Schritt vornehmen, brauchen Sie jedoch unbedingt ein gutes Gesamtverständnis des Prozesses, denn jetzt ist die Flut der Detailinformationen kaum noch zu bändigen. Am besten greifen Sie sich vier oder fünf Aufträge heraus und durchlaufen mit diesen den ganzen Prozess. Oder Sie bauen ein „U-Boot" mit einigen eingebauten Fehlern und verfolgen dieses. Messen Sie die Zeiten.

Beobachten Sie, welche Informationen die einzelnen Bearbeiter aufnehmen und wie sie dies tun. Fragen Sie. Fragen Sie nach allem, was Sie beobachten, fragen Sie vor allem immer wieder „Warum?". „Warum notieren Sie das, wer liest diese Information? Warum übertragen Sie diese Information?" Und so weiter.

Besonders schwierig ist diese Aufnahme, weil die Mitarbeiter in einer jahrelang geübten Praxis Vorgänge und Begriffe als selbstverständlich betrachten und auf Nachfrage kaum noch in der Lage sind, diese Abläufe zu schildern. So ist also nur sehr schwer herauszufinden, was der vorgelagerte oder nachgelagerte Arbeitsschritt beinhaltet und welche Inputs die Kollegen erwarten.

Wichtig ist dabei die menschliche Komponente: das Vertrauen der Mitarbeiter. Schnell könnten Sie als „Spion der Geschäftsleitung" gelten. Gehen Sie deshalb offen mit den Mitarbeitern um, sagen Sie, was Sie wünschen. Machen Sie den Mitarbeitern klar, dass Sie die Informationen neutral verwenden – und beweisen Sie das durch entsprechende Handlungen! Schreiben Sie bei diesen Gesprächen nicht so viel mit, sondern hören Sie vor allem zu: Was hat die Person erzählt? Das Interessante lesen Sie oft zwischen den Zeilen. Unterscheiden Sie dabei zwischen normalem Gemecker und prozessrelevanten Informationen.

Die Beobachtung fängt bei der Auftragsannahme an: Was passiert da konkret? Im nächsten Schritt können Sie vielleicht nicht denselben Auftrag weiterverfolgen, aber einen gleichartigen. Wie kommt dieser im nächsten Prozessschritt an? Es fallen Ihnen dann auch schnell Mitteilungen auf, die nebenbei passieren: z. B. gelbe Haftnotizen mit der eigentlichen wichtigen Information, weil das Formular, auf dem die Haftnotiz klebt, keinen Platz dafür hat. Bei dieser Methode erfährt man viel über Medien und über tatsächliche Doppelarbeiten und redundante Informationen. Hier wird schließlich auch der Unterschied zwischen Realwelt und Wahrnehmung am deutlichsten. Diesen Wahrnehmungsfilter der Prozessbeteiligten umgeht man durch die teilnehmende Beobachtung.

Warum diese aufwendige Prozedur in der Recherche? Verbale Darstellungen von Abläufen geben in der Regel gefilterte Informationen – wie stark der Filter unter Umständen Probleme und Schwachstellen ausblendet, ist schwer zu beurteilen. Die direkte Begegnung mit den Ausführenden kann die Ergebnisse aus Workshop und Interviews überprüfen. Versteckte Medienbrüche treten hier ans Tageslicht. Achten Sie besonders auf die gelben Haftnotizen (die gehören verboten!).

5.2 Daten- und Aktenrecherche

Die Untersuchung abgeschlossener Prozesse kann hilfreich sein, um Informationen über Durchlaufzeiten, Gewichtung von Varianten, Kosten und Mengen zu erarbeiten. Es können also vor allem quantitative Fragen beantwortet werden: Wie viele Fälle gibt es, wie lange dauert die Prozessausführung insgesamt, wie viele Prozesse verursachen Reklamationen, wie häufig gibt es den Prozess und mit welchen Varianten? (Das ist z. B. wichtig für die Prozesskosten.)

Suchen Sie nach Dokumentationen eines Prozesses und stellen Sie fest, an welcher einheitlichen Stelle der Beginn und das Ende eines Vorgangs abzulesen sind. Vielleicht können Sie auch wichtige Meilensteine im Prozess aus der Dokumentation ablesen. Ziehen Sie eine Stichprobe und recherchieren Sie die Zeitpunkte für Beginn und Ende und für eventuelle Zwischenstationen des Prozesses. Finden Sie in der Dokumentation Belege für den Start eines Vorgangs und die möglichen Varianten des Prozesses und zählen Sie die Vorgänge für einen Beispielzeitraum (nehmen Sie am besten den letzten Monat).

Im Idealfall gibt es zu jeder Prozessausführung ein Dokument. Wann hat der Prozess angefangen, wann ist er zu Ende? Wenn diese Dokumente nicht gefunden werden können, ist das ein Fehler im Prozess, denn der Kontrollaspekt wird nicht bedient. Prozessanfang und Prozessende müssen dokumentiert sein!

Manchmal sind typische Fehler eines Prozesses im Nachhinein in der Dokumentation ablesbar: Stellen Sie fest, wie häufig diese Pannen aktenkundig werden.

Eine sehr gute Quelle für Fehler im Prozess ist das Beschwerdemanagement. Hier zeigen sich meist die Prozessfehler. Ziehen Sie auch hier einige Akten und prüfen Sie: Ist das eine berechtigte Beschwerde? Kommen bestimmte Beschwerden öfters vor? Damit haben Sie meist einen Pain Point des Prozesses gefunden.

Die Akten- und Datenrecherche ist meistens recht schwierig, denn wenn der Prozess bisher nicht als Zusammenhang, sondern in isolierten und fragmentierten Aktivitäten abgearbeitet wird, dann existiert auch keine zusammenhängende Dokumentation für einen Vorgang. Wollen Sie jetzt einzelne Vorgänge aus verschiedenen Dokumentationen zusammenstückeln, wird die Recherche schnell zur Detektivarbeit. Rechnen Sie damit, dass die Informationen aus den verschiedenen Dokumentationen widersprüchlich sind. Die so aufgezeigten Widersprüche können als Korrektiv für den dargestellten Prozess aus Workshop und Interviews dienen.

5.3 Prozessworkshops

Überall finden Sitzungen und Workshops statt, die sich durch eine große Zahl von mehr oder minder tief schlafenden Teilnehmern auszeichnen. Workshops sind Segen und Qual zugleich. Auf der einen Seite können notwendige Informationen innerhalb sehr kurzer Zeit zwischen allen Beteiligten ausgetauscht und diskutiert werden. Andererseits verlaufen viele Workshops im Sand und enden in Endlosdiskussionen, die irgendwann aus Zeitgründen abgebrochen werden. Unmoderierte Workshops kosten Zeit, Geld und Nerven.

Dabei bietet die Methode viele Möglichkeiten, wertvolle Informationen in kurzer Zeit aufzuspüren, weil wir uns dabei der unterschiedlichen Blickwinkel der Beteiligten bedienen. Die Gruppendynamik eines Workshops kann wie ein Katalysator für die Kreativität und Produktivität der Mitarbeiter wirken, die Initiative einzelner erfahrener Experten kann aber auch im Besserwissen der Wortführer erstickt werden.

Der Prozessworkshop dient dazu, Probleme bei der Zusammenarbeit transparent zu machen und Verbesserungsmöglichkeiten auszuhandeln. Die Teilnehmer entwerfen gemeinsam ein Modell des gegenwärtigen Geschäftsprozesses und diskutieren über Verbesserungspotenziale und Gestaltungsmöglichkeiten. Als Erhebungsmethode hat der Prozessworkshop gegenüber den Prozessinterviews den Nachteil, dass spezielle Fragen, die nur einzelne Prozessstellen betreffen, nicht ausreichend detailliert behandelt werden können. Außerdem werden in Einzelgesprächen Missstände und Konflikte mitunter direkter angesprochen als in Gruppensitzungen.

Damit Ihr Prozessworkshop nicht in der Beliebigkeit üblicher Sitzungen untergeht, hier einige Hinweise zur Strukturierung und Moderation des Workshops.

Ein Workshop zur Analyse eines Prozesses hat mehrere Ziele:

- Wir erfahren in einer Sitzung den Prozessablauf aus mehreren Blickwinkeln.
- Wir erkennen sehr schnell die wichtigsten Baustellen im Prozess.
- Wir sehen, wo die Teilnehmer aus verschiedenen Abteilungen den Prozess unterschiedlich wahrnehmen.
- Die Teilnehmer sind sich der Ziele des Prozesses bewusst.
- Die Teilnehmer lernen den Prozess als Zusammenhang kennen.
- Die Teilnehmer tauschen Hinweise untereinander aus.
- Lösungen für offensichtliche Probleme können direkt gefunden und umgesetzt werden.

Um diese Ziele des Workshops zu erreichen, ist eine gute Auswahl der Teilnehmer, ein gut vorbereiteter Ablauf und eine motivierende Moderation notwendig. Das Protokoll ist sehr wichtig, kann aber nicht entsprechend dem üblichen Verfahren „Wer, was, bis wann“ abgearbeitet werden.

Folgende Punkte gehören auf Ihre To-do-Liste zur Vorbereitung des Workshops:

- Prozessbeteiligte einladen
- Moderator auswählen
- Termin festlegen
- Material für Prozessmoderation vorbereiten: Beispielprozesse, Arbeitsmaterial (Flip-Chart, Pinnwände, Beamer usw.)
- Arbeitsraum vorbereiten (eher größer als zu klein)
- An Getränke und Verpflegung denken
- Moderationsplan/Tagesordnung erstellen

Zu den Teilnehmern: Sie kennen aus den ersten Gesprächen über den Prozess die wichtigen beteiligten Abteilungen und Teams – aus jeder dieser Abteilungen brauchen Sie eine Person. Suchen Sie engagierte und kompetente Mitarbeiter, die ein Interesse haben, ihre Arbeit zu entwickeln, und kreativ genug sind, ihre täglichen Arbeitsabläufe selbst zu reflektieren.

Zum Ablauf: Stellen Sie sicher, dass die Teilnehmer sich untereinander kennen – sollte das nicht der Fall sein, planen Sie Zeit für eine Vorstellungsrunde ein. Die anderen Teilnehmer sollen wissen, wer ich bin und was ich in diesem Prozess tue.

Ein wichtiger Punkt im Ablauf: Klären Sie die Ziele des Prozesses. Was ist der Prozess, wer sind seine Kunden, was erwarten die Kunden von uns? Eine Erklärung „Was ist ein Prozess?" könnte zu theoretisch sein – die Frage nach den Kunden und ihren Erwartungen führt viel pragmatischer ans Ziel. Sie führt schnell zum Kern der Aufgabe: Worauf müssen wir achten, damit wir den Erwartungen unserer Kunden gerecht werden?

Tipps

- Vermeiden Sie die detaillierte Erfassung von Sonderfällen.
- Beschreiben Sie zunächst die (80 Prozent) Standardabläufe.
- Es ist nicht notwendig, jeden einzelnen Handgriff zu erfassen.
- Überlassen Sie die Ist-Aufnahme von Unterprozessen, die von nur einer Person ausgeführt werden, dieser Person.

Moderationstechniken

Für diesen Einstieg in den Workshop eignen sich Kartenabfragen mit Pinnwänden (Meta-Plan), aber auch Mindmapping-Techniken in Kleingruppen haben sich bewährt. Offene Diskussionsrunden sind nicht zu empfehlen.

Wie funktionieren Kartenabfragen zur Sammlung von Informationen?

1. Jeder Teilnehmer schreibt jeweils einen Gedanken mit dem Filzstift auf eine Karte (z. B. zur Frage: Worauf müssen wir achten, damit wir den Erwartungen unserer Kunden gerecht werden?).

2. Karten werden verdeckt eingesammelt.
3. Der Moderator liest die Karten nacheinander vor und hängt sie nach den Vorschlägen der Teilnehmer nach passenden Gruppen (Cluster) geordnet an die Pinnwand. Hieraus ergeben sich meistens mehrere Themenfelder.
4. Zuordnung wird geprüft.
5. Karten einer Gruppe werden durch Umrahmung zusammengefasst und mit einer Überschrift versehen.

Die Kartenabfrage hat einige Vorzüge gegenüber einer geleiteten Diskussion zu einem Thema:

- Jeder Beitrag wird öffentlich dokumentiert.
- Jeder Beitrag hat formal das gleiche Gewicht.
- Die Karten sind flexibel handhabbar.
- Die Arbeit mit Karten ist zeitsparend.
- Auch stillere Teilnehmer nehmen aktiv teil.

Mindmapping

Für Mindmapping gibt es zwar auch eine sehr praktische Software, an sich brauchen Sie dafür aber nur ein (großes) Blatt Papier und Stifte. Mindmapping ist dann eigentlich ganz einfach: Sie nehmen das Blatt Papier und legen es im Querformat vor sich. Im Zentrum des Blattes Papier schreiben Sie das Thema, d. h. Ihren Hauptgedanken. Von da aus entwickeln Sie Ihre wichtigsten Unterpunkte, die wie Zweige von Ihrem Hauptgedanken wegwachsen. Auf die Verzweigungen werden jedoch keine ausformulierten Gedanken geschrieben, sondern möglichst Schlüsselworte, Begriffe, Bilder. So entwickelt sich das Thema weiter und es wächst wie ein Baum. Wir haben sehr gute Erfahrung damit gemacht, kleinere Gruppen zusammen an einem Mindmap arbeiten zu lassen.

Einige Tipps zur Mindmapping-Technik, damit das Ganze nicht nur ein hübsches Durcheinander wird:

- Verwenden Sie möglichst lesbare Blockbuchstaben.
- Notieren Sie erst Ihren Schlüsselbegriff und verbinden Sie ihn dann mit den entsprechenden Punkten.

- Äste müssen stets miteinander verbunden sein.
- Benutzen Sie so oft es geht Bildelemente. Sie sind aussagekräftiger und wecken eher Assoziationen.
- Verwenden Sie auch Symbole wie Sternchen, Ausrufezeichen, Kreuze, Fragezeichen. Auch Pfeile können Ihnen dabei helfen, innere Zusammenhänge aufzuzeigen.

Fassen Sie anschließend die Ergebnisse aus Kartenabfrage oder Mindmapping für die Teilnehmer zusammen – werten Sie dabei nicht, sondern spiegeln Sie die Eindrücke, die die Teilnehmer über ihren Prozess gewonnen haben. Wenn noch wichtige Ziele und Erwartungen fehlen, ergänzen Sie diese: „Ich sehe noch weitere Erwartungen ..." oder noch direkter: „Die Geschäftsleitung hat noch ein paar Maßstäbe, die sie an unseren Prozess anlegt."

Nun können Sie den Sinn des Begriffes „Prozess" erklären: Es geht nicht darum, dass jeder seine Aufgabe so gut wie möglich erledigt, sondern darum, dass wir alle zusammen das leisten, was unsere Kunden erwarten.

Jetzt kommt der schwierige Part: Sammeln Sie die einzelnen Arbeitsschritte des Prozesses und stellen Sie diese in einer einfachen Grafik dar. Dieser Schritt ist deshalb so schwierig, weil die Teilnehmer Sie jetzt gleich mit Details bombardieren werden. So ein Workshop wirkt wie eine Flasche Champagner, wenn der Korken raus ist. Die Leute sprudeln über, weil sich jetzt jemand für ihre Sicht der Dinge interessiert. Ihre Aufgabe ist, dieses Mitteilungsbedürfnis zu unterstützen und gleichzeitig zu bändigen.

Nehmen Sie für jeden wesentlichen Arbeitsschritt des Prozesses eine Karte für die Pinnwand, einigen Sie sich mit den Teilnehmern auf eine bündige Bezeichnung des Schrittes und pinnen Sie den an die Wand. Schreiben Sie danach auf eine Karte anderer Farbe, wer dafür zuständig ist.

An vielen Stellen entstehen jetzt Diskussionen: „Kommt immer dieser Schritt nach dem?" – „Nein, manchmal wird auch noch was anderes gemacht ..." – „Dafür ist aber nicht immer die Abteilung xy zuständig ..." Versuchen Sie einerseits, alle diese strittigen Punkte zu notieren. Kleine runde Karten mit laufenden Nummern sind eine gute Hilfe: Wenn an einem Arbeitsschritt Besonderheiten zu bemerken sind, pinnen Sie eine „Fußnote“ daran und notieren die Punkte getrennt. Noch einen Schritt weiter: Markieren Sie unterschiedliche Arten von Fußnoten: blaue runde Kärtchen für Uneinigkeit in der Diskussion (Wer ist zuständig?), rote Kärtchen für Probleme und Schwachstellen, die jetzt schon angemerkt werden.

Vermeiden Sie zu viele Details. Bauen Sie erst einen groben Überblick über den Prozess auf. Der Prozess sollte auf einer Pinnwand darstellbar sein.

Gleichzeitige Tätigkeiten können Sie entweder nebeneinander darstellen (wenn der Platz das zulässt) oder untereinander – dann malen Sie eine Klammer um diese Kästchen.

Eine besondere Herausforderung sind Aktivitäten, die alternativ ausgeführt werden. Meistens sind Sie damit bereits zu sehr im Detail für diese Darstellung. Wenn notwendig, bringen Sie die Karten nebeneinander auf getrennte Pfade des Graphen. Schreiben Sie auf eine extra Karte darüber, wann die folgenden Aktivitäten ausgeführt werden. Aber nochmals: Versuchen Sie, die „Wenn-dann“-Verzweigungen auf die spätere Detailbetrachtung zu verschieben.

Aus den Schilderungen wird deutlich, dass Sie natürlich vorher ungefähr wissen müssen, was Sie erwartet – Sie haben also schon erste Gespräche über den Prozess geführt und ein ungefähres Bild im Kopf. Das hilft, die Darstellung in der Diskussion übersichtlich zu gestalten.

Wenn es optimal läuft, haben Sie nach einer halben Stunde ein grobes Bild des Prozesses auf eine Pinnwand gebannt. (Wenn es weniger gut läuft, haben Sie eine Sammlung von Karten, Strichen, durchgestrichenen Linien, Bemerkungen und so weiter auf zwei Pinnwänden. Das ist Übungssache.)

Das Bild soll bewusst einfach sein. So bleibt es den Teilnehmern im Gedächtnis. In der folgenden Detailarbeit notieren Sie nicht mehr in diesem Bild. Gehen Sie jetzt die einzelnen Punkte des Prozesses durch.

- Was steht am Anfang des Arbeitsschrittes, was ist der Output?
- Welche Instrumente werden verwendet?
- Welche Informationen werden verarbeitet?
- Welche Medien werden benutzt?
- Achten Sie bereits auf Medienbrüche.

Notieren Sie insbesondere, wenn die Teilnehmer unterschiedliche Ansichten äußern. Versuchen Sie nicht, hier eine Lösung zu finden, sondern halten Sie die verschiedenen Blickwinkel fest.

Achten Sie auch auf unmittelbare Lösungsvorschläge der Teilnehmer. Manchmal finden Sie hier einfachste Lösungen für wichtige Baustellen. Gerade der Informationsbedarf kann hier oft geklärt werden: „Wenn ich gewusst hätte, dass ihr diese Information braucht, die habe ich bei mir. Das müsste nur auf dem Formular draufstehen, dann kann ich die auch eintragen ..."

Nach spätestens vier Stunden ist allen Beteiligten schwindelig. Bis dahin sollten Sie mit der Abfrage der Details bis zum Ende gekommen sein. Sie wissen jetzt, wer wann was tut, welche Aktivitäten nicht immer erledigt werden, welche Informationen im Prozess fließen (müssen) und welche wichtigen Medienbrüche und Baustellen Sie in den nächsten Wochen bearbeiten werden.

Danken Sie den Workshop-Teilnehmern und sammeln Sie die Pinnwände und Flipcharts ein. Anschließend schreiben Sie alle Erkenntnisse noch einmal sauber auf:

- Welches sind die Kunden des Prozesses und welche Erwartungen haben sie?
- Welche wichtigen Qualitätsmerkmale müssen wir im Prozess beachten, um den Kundenerwartungen gerecht zu werden?
- Welche Arbeitsschritte sind auszuführen?
- Wer ist dafür zuständig, welche Besonderheiten sind zu beachten?
- Welche Instrumente und Medien werden verwendet, welche Medienbrüche sind zutage getreten?

- Wo waren sich die Teilnehmer uneins, welches sind die verschiedenen Positionen?
- Wo haben die Teilnehmer Stolperfallen und Schwachstellen des Prozesses identifiziert und welche Lösungsvorschläge sind gemacht worden?
- Sind bereits Lösungen dafür unterwegs?

Wenn Sie am Abend das Protokoll an die Teilnehmer versenden, haben Sie heute Ihren Tagessatz redlich verdient.

Der Workshop ist gut, um beim Einstieg in ein Prozessprojekt die wichtigen Issues zu sammeln und unter den Mitarbeitern die Motivation für das Projekt zu schüren. Er eignet sich wenig für die kontinuierliche Arbeit zur Analyse und Optimierung. Für die Analyse von Details eignen sich die anderen Recherchemethoden.

5.4 Das Interview

Neben der Beobachtung und dem Experiment gehört die Recherche mittels einer Befragung, das Interview, zu den wichtigsten Methoden der Daten- und Informationsbeschaffung. Im betrieblichen Umfeld sind Mitarbeiterbefragungen z. B. im Rahmen von Total Quality Management typisch. Auch für unsere Zwecke, das heißt für die Analyse Ihres Prozesses im Detail, sind Interviews unschlagbar in ihrer Effizienz als Rechercheinstrument.

Gegenüber der Gruppendiskussion hat eine Befragung eines Einzelnen den Vorteil, dass sich dieser keinem Gruppendruck ausgesetzt sieht. In einer Gruppe müsste er seine Ansicht rechtfertigen, vorgeschlagene Lösungen würden zur Diskussion gestellt und andere Teilnehmer würden die Schilderung vielleicht aus ihrer Sicht „korrigieren“. Der Informationsgehalt dieser Einzelgespräche ist daher deutlich höher. Um ein gutes Interview führen zu können, müssen jedoch einige grundlegende Dinge beachtet werden:

1. Die Rolle des Interviewers und die des Interviewten
2. Themenschwerpunkte/Ziel(e) des Interviews
3. Art und Anordnung der Fragen/Interviewverlauf

5.4.1 Vorüberlegungen

Die Antworten des Befragten werden beim Interview vor allem durch zwei Filter beeinflusst:

Erstens: durch den Filter der Wahrnehmung. Versteht der Interviewte die Frage, wie gut kennt er das Thema, versteht er das Ziel des Interviews? Wenn der Befragte eine Frage missverständlich interpretiert oder der Interviewer Wissen voraussetzt, das der Befragte nicht hat, geht die Antwort mit hoher Wahrscheinlichkeit an der Frage vorbei. Zweitens: durch den Filter der Antwortbereitschaft. Das heißt: Ist der Befragte überzeugt, dass ihm eine bestimmte Antwort schaden kann, wird er in der Regel taktisch antworten.

Eine Befragung weckt bei dem Betroffenen unterschiedliche Erwartungen. Wenn Sie als Interviewer nicht offenlegen, welcher Sinn und Zweck sich hinter Ihrem Interview verbirgt, wird der Befragte „taktisch" antworten, schlimmstenfalls eine Mauer des Widerstandes aufbauen. Es geht also auch um Vertrauen, das seitens des Interviewers aufgebaut werden muss.

Aus diesen Vorüberlegungen ergeben sich schon jetzt einige Empfehlungen an Sie als Interviewer:

- Beeinflussen Sie die Antwortbereitschaft positiv durch Transparenz Ihres Konzepts und Ihrer Ziele: Wir werden auf den Aufbau eines Interviews noch ausführlicher zu sprechen kommen. Jetzt schon sei gesagt, dass ein Interview immer durch einführende Worte über sich selbst und das Ziel der Befragung begonnen wird.
- Schätzen Sie die Antwortbefähigung des Befragten ein und versuchen Sie, diese zu unterstützen. Überlegen Sie schon bei der Vorbereitung der Fragen, ob diese klar verständlich sind. Geben Sie Hilfestellung zur qualifizierten Antwort. Ist der Gesprächspartner ein Insider im Prozess? Oder nur am Rande beteiligt? Was muss ich eventuell vorher klären, damit er für das Interview „arbeitsfähig" ist?
- Bauen Sie Vertrauen zum Befragten auf. Er muss die Gewissheit haben, dass die Fragen keine persönlichen Nachteile nach sich ziehen und, wenn gewünscht, anonym bleiben.

- Erwecken Sie nie den Eindruck, dass Sie den anderen dominieren oder als bloßes Werkzeug benutzen wollen.
- Ziehen Sie Antworten nicht ständig in Zweifel! Grundhaltung: Der Befragte hat Recht.

Gerade bei der Prozessanalyse geht es ja nicht um Schuldzuweisungen, sondern um eine möglichst neutrale Datenerhebung bzw. eine unbeeinflusste Einschätzung der am Prozess beteiligten Mitarbeiter. Da aber bei den Prozessen, die analysiert werden sollen, meistens irgendwo der Schuh drückt, kann es passieren, dass der Befragte taktisch antwortet, Schuldverdacht soll so erst gar nicht aufkommen. Klären Sie vorher deshalb ganz klar: Es geht um das gemeinsame Identifizieren von Problemen. Machen Sie den betroffenen Befragten zum Beteiligten an Ihrer Mission.

5.4.2 Interviewarten

Nach der Form ihrer Durchführung werden Befragungen unterschieden in

- schriftliche Befragungen,
- Telefoninterviews und
- mündliche Befragungen.

Bei der gebräuchlichsten Art, der mündlichen Befragung, ist ein Interviewer anwesend und stellt direkt seiner Zielperson Fragen. Die mündliche Befragung hat gegenüber den anderen Interviewarten einige besondere Vorteile:

- Sie können die Fragen individuell an die jeweilige Befragungssituation anpassen, nachhaken, wo es nötig ist, neue Aspekte aufnehmen, die sich erst im Interviewverlauf ergeben haben.
- Sie können emotionale Widerstände (Unwillen, Unzufriedenheit, Angst, Misstrauen) der Befragten erkennen und darauf eingehen.
- Bei der richtigen (kooperativen) Interviewführung identifiziert sich der Befragte mit der Untersuchung und den Resultaten.
- Sie bekommen neben den Sachinformationen eine Fülle von Meinungen, Einstellungen und Stimmungen mit.

Doch das mündliche Interview hat auch Nachteile. Der Interviewer ist stark gefordert. Er muss sowohl über Fachkompetenz als auch über soziale Kompetenz verfügen und z. B. innere Widerstände des Befragten erkennen und gegensteuern. Außerdem richten sich die Gespräche nach der Verfügbarkeit der Befragten. Hier müssen oft viele Termine koordiniert werden. Und letztlich ist der Aufwand der Nachbereitung der Interviewprotokolle recht hoch. Entweder lief ein Band mit, das zumindest in Auszügen transkribiert werden muss – oder die schriftlichen Aufzeichnungen müssen ins Reine geschrieben werden, was Fehlerquellen mit sich bringt.

Für unsere Zwecke ist es dennoch aufgrund der oben genannten Vorteile das geeignetste Mittel, um Details über den Prozess zu erfahren.

5.4.3 Interviewformen

Je nachdem, wie weit ein Interviewer das Interview aus der Situation heraus gestalten und auf Antworten der Befragten reagieren kann, unterscheidet man

- das standardisierte,
- das strukturierte bzw. halbstrukturierte und
- das freie Interview.

Das freie bzw. unstrukturierte Interview hat die größten Handlungsspielräume für Befrager und Befragte. Der Interviewer verwendet zwar für die Inhalte auch einen Leitfaden (in der Regel nur Stichworte), es dominieren aber spontane Gesprächsanstöße; dabei stellt er offene Fragen, die den Befragten zu einer ausführlichen Antwort veranlassen. Freie Interviews dienen in der Regel nicht irgendeiner Form der (statistischen) Auswertung, sondern allein der Gewinnung von Informationen.

Offene Fragen sind in der Regel die „W-Fragen“ (Wie? Warum? Was? Weshalb? Wozu? Welche?) Beispiel: Wo und für was bekommen Sie vom Kunden Lob? Geschlossene Fragen lassen sich entweder mit „Ja“ oder „Nein“ beantworten oder mit einem Namen, einer Jahreszahl oder Ähnlichem. Beispiel: Haben wir alle Informationen, die wir für unsere Arbeit brauchen?

Strukturierte bzw. halbstrukturierte Interviews werden anhand eines Leitfadens durchgeführt, der vorformulierte Primärfragen und ebenfalls offene Sekundärfragen enthält (zu Primär- und Sekundärfragen etwas später einige Beispiele). Die Primärfragen werden wörtlich und in der vorgegebenen Reihenfolge gestellt, die Sekundärfragen können bei Bedarf gestellt und vom Interviewer ad hoc formuliert werden. So ist eine Grobstruktur gegeben, die einerseits bestimmte Mindestinformationen gewährleistet und ein weiteres Abschweifen vom Thema des Interviews verhindert. Andererseits bleibt aber noch genügend Flexibilität erhalten, damit auch andere Inhalte, die zum Rahmenthema gehören, aber im Leitfaden nicht vorgesehen sind, zur Sprache kommen können.

Bei standardisierten Interviews sind alle Schritte der Informationsgewinnung und -verarbeitung reglementiert. Die Fragen sind als geschlossene Fragen formuliert und Teil eines Fragebogens. Die Auswertung ist zentraler Bestandteil des standardisierten Interviews. Deshalb werden vom Interviewer z. B. vorgegebene Antwortalternativen angekreuzt.

Fazit

Beim strukturierten Interview wird die Auswahl der Fragen durch den Interviewer nach einem vorgegebenen Schema gesteuert. Das strukturierte Interview bietet gegenüber der unstrukturierten Befragung den Vorteil, dass es weniger willkürlich und subjektiv abläuft. Gleichzeitig hilft die Struktur, die Übersicht zu behalten und keinen Aspekt zu vergessen. Im Vergleich zum Fragebogen ist das strukturierte Interview fl exibler und muss nicht für jede Arbeitssituation neu konstruiert werden. Es ist am besten geeignet für unsere Analyse-Interviews. Für das strukturierte Interview benötigen Sie einen Leitfaden und in unserem speziellen Fall eine (visuelle) Grobstruktur Ihres Prozesses.

Leitfadengespräche

Leitfadengespräche zählen zur Gruppe der mündlichen Befragungen. Es wird mit Einzelpersonen oder in Gruppen auf der Basis eines Interviewleitfadens geführt. Dieser Leitfaden garantiert, dass alle rechercherelevanten Themen angesprochen werden und eine gewisse Vergleichbarkeit der Interviewergebnisse gewährleistet ist. Wie Leitfäden konzipiert werden, lesen Sie jetzt.

5.4.4 Planung und Durchführung des Interviews

Vorbereitung

Neben Art (schriftlich, mündlich) und Form (strukturiert, offen, standardisiert) des Interviews muss vor allem entschieden werden, wer interviewt werden soll. Der Interviewte ist in unserem Fall als ein direkt am Prozess Beteiligter der Experte, der Informationen über diesen Arbeitsprozess geben kann.

Bei der Auswahl der Gesprächspartner stellen wir uns zwei grundsätzliche Fragen:

- Welche Personen wollen wir interviewen?
- Welche Rollen haben diese Personen im Prozess?

Sie brauchen für die Diagnose Ihres Prozesses unterschiedliche Sichtweisen:

Kundensicht: Finden Sie ein oder zwei Kunden des Prozesses. Wenn es verschiedene Kundengruppen gibt, befragen Sie diese.

Beteiligte: Finden Sie Beteiligte aus unterschiedlichen Prozessschritten und aus unterschiedlichen hierarchischen Ebenen: Die Managersicht wird Ihnen ein abstrakteres Bild vom Prozess geben, befragen Sie aber auf jeden Fall auch Beteiligte, die „knietief“ im Prozess stecken.

Was müssen sie noch über ihre Gesprächspartner vor dem Interview wissen?

- Wie ist deren Kenntnisstand?
- Sind sie Insider im Prozess?
- Kennen sie Interna?
- Müssen Sie bestimmte Begrifflichkeiten erklären?
- Was können Sie an Wissen voraussetzen? (Denken Sie an den Wahrnehmungsfilter vom Anfang dieses Kapitels.)
- An welcher Stelle im Prozess geben diese Gesprächspartner (wahrscheinlich) wichtigen Input? (Prozessanfang etc.)

- Ist Ihr Gesprächspartner Kunde oder Beteiligter im Prozess?
- Aus welcher hierarchischen Ebene kommt der Gesprächspartner?

Je nachdem, wie Sie diese Fragen beantworten, müssen Sie entsprechend vorbereitet ins Interview gehen und auch den Leitfaden entsprechend aufbereiten. Machen Sie sich auch vorher schon Gedanken darüber, welche persönlichen Interessen Ihr Gesprächspartner hat. Zu welchen Filtern könnte das führen? Wichtig ist auch, nicht jedes Mal alles abzufragen. Welche Informationen haben Sie bereits sicher? Zu welchen Informationen kann Ihnen Ihr Interviewpartner Antworten geben?

Gestaltung des Interviewleitfadens, Struktur des Interviews

Der Interviewleitfaden enthält alle Bestandteile, die zur Führung des Interviews nötig sind. Die Gestaltung des Leitfadens gliedert sich in der Festlegung der Themenkomplexe mit den entsprechenden Frageformulierungen. Innerhalb der Themenkreise (Prozessanfang, Probleme etc.) sollten dann verschiedene Fragetypen vorformuliert werden (Primärfragen, Sekundärfragen, Nachfragen). Er sollte durch nicht mehr als sieben Primärfragen strukturiert sein.

Primärfragen sind Strukturträger des Interviews und sollten von Ihnen auf jeden Fall gestellt werden. Das gilt insbesondere bei komplexen Sachverhalten und bei Befragungen mehrerer Personen zum gleichen Sachverhalt. Auch wenn der Interviewer dann während der Befragung die Frageliste gar nicht mehr anschaut: Er hat das Gerüst im Kopf, gerade weil er sich die Primärfragen notiert hat. Faustregel: Je kürzer die Interviewzeit, umso genauer müssen die Primärfragen sein.

Achten Sie bei der Formulierung der Fragen auf die Wortwahl und den Satzbau. Beachten Sie bei der Formulierung Ihrer Fragen einige Regeln:

- Stellen Sie kurze Fragen, keine Frageketten.
- Achten Sie auf einen klaren Satzbau: keine Schachtelsätze.
- Wählen Sie einfache Worte. Verzichten Sie auf Fachausdrücke, Fremdwörter oder Abkürzungen, wenn Sie nicht sicher sein können, dass diese bekannt sind.

- Stellen Sie konkrete Fragen.
- Verwenden Sie eindeutige Begriffe.
- Provozieren Sie keine bestimmte Beantwortung.
- Formulieren Sie neutral.
- Beziehen Sie sich nur auf den Sachverhalt.
- Vermeiden Sie doppelte Negationen.

Also fragen Sie nicht: „Was haben Sie für Mitarbeiter?“ (Antwortmöglichkeit: „Ingenieure wie mich“, „Meistens Familienväter“, „Vorwiegend Nichtraucher“), sondern: „Welche Qualifikation besitzen Ihre Mitarbeiter?“

Primärfragen können durch Sekundärfragen ergänzt werden. Sie werden nur bei Bedarf gestellt. Das ist vor allem dann der Fall, wenn die Antworten noch nicht erschöpfend sind. Häufig sind die Sekundärfragen nicht in Form einer Frage, sondern als Stichwort oder kurze Bemerkung formuliert.

Nachfragen sollen mitgeteilte Informationen anreichern oder Mehrdeutigkeiten klären. Sie reichen von der Ermunterung durch Gesten zur weiteren Ausführung des Gedankens bis zur Einführung eines bestimmten Stichwortes durch den Interviewer.

Eine Primärfrage könnte also sein: „Sehen Sie Optimierungsbedarf in Ihrem Prozess?“ Die anschließende Sekundärfrage könnte sein: „Welche sind das?“ Und Nachfragen z. B.: „Medienbrüche?“, „Doppelte Excel-Tabellen?“.

Frage-Strukturtypen: geschlossene, offene Fragen

Außerdem werden Fragen unterschiedlichen Strukturtypen zugeordnet: den offenen Fragen und geschlossenen Fragen.

Auf offene Fragen wird eine Antwort in den eigenen Worten des Befragten erwartet. Es werden keine Antwortmöglichkeiten vorgegeben. Beispiel: „Welche Abläufe kann man verbessern und optimieren?“

Geschlossene Fragen verlangen vom Befragten, sich zwischen verschiedenen Antwortalternativen zu entscheiden. Dabei können zwei oder eine beliebige andere Anzahl von möglichen Antworten vorgegeben werden. Bei der Mehrfachvorgabe von Antwortmöglichkeiten können die Antwortkategorien eine Rangordnung darstellen. Beispiele: „Haben wir eine gute Organisation im Betrieb? Läuft der Prozess gut?" (Vorgegebene Antworten könnten dann sein: ja, sehr gut, gut, nicht so gut, ausreichend, nein, schlecht.)

Der Hauptvorteil offener Fragen besteht darin, dass der Befragte innerhalb seines eigenen Referenzsystems antworten kann, ohne dass die Vorgabe möglicher Antworten ihn bereits in eine bestimmte Richtung lenkt. Offene Fragen motivieren den Interviewten zum Reden – sinnvoll bei Meinungsinterviews oder für Leute, die eher „gehemmt" sind. Offene Fragen unterstützen Äußerungen des Befragten, die tatsächlich im Wissensbestand bzw. Einstellungsrahmen des Befragten verankert sind.

In Bezug auf diesen Aspekt haben geschlossene Fragen eine Reihe von Nachteilen: Sie können z. B. Antworten vorgeben, an die der Befragte noch nie gedacht hat, und sie zwingen den Befragten unter diesen bisher nicht zu seinem „Alltagswissen" gehörenden Alternativen zu wählen.

Als Nachteil offener Fragen kann zum einen nicht davon ausgegangen werden, dass alle Befragten eine gleich gute Artikulationsfähigkeit bezüglich ihrer Einstellungen und Meinungen haben. Antwortunterschiede sind somit nicht nur auf Einstellungsunterschiede zurückzuführen, sondern ergeben sich aus den unterschiedlichen Möglichkeiten der Befragten, ihre Einstellungen in Worte zu fassen. Zum anderen steigt bei offenen Fragen die Wahrscheinlichkeit für Intervieweffekte durch unterschiedliche Fähigkeiten der Interviewer, beim Notieren der Antwort dem Redefluss des Befragten zu folgen, oder durch eigenständiges „Editieren" der Antwort, d. h. durch Weglassen unwichtiger oder sich wiederholender Antwortteile. Zu offene Fragen können auch leicht vom Thema wegführen, der rote Faden kann verloren gehen.

Vorteile der geschlossenen Fragen gegenüber offenen Fragen sind:

- die bessere Vergleichbarkeit der Antworten,
- höhere Durchführungs- und Auswertungsobjektivität,

- geringerer Zeitaufwand, leichtere Beantwortbarkeit für den Befragten und
- geringerer Auswertungsaufwand.

Man erhält allerdings nur Informationen im Rahmen der vorgegebenen Kategorien, wichtige, nicht vorgesehene Details werden ausgeblendet.

Fazit

Für die Durchführung unserer Analyse-Interviews sind offene Fragen die geeignetste Methode. Durch offene Fragen können Sie praktische Erfahrungen und Empfehlungen der beteiligten Mitarbeiter ermitteln. Die Verwendung geschlossener Fragen empfiehlt sich hier nicht, da eine vollständige und ausführliche Beantwortung in der Regel nicht zugelassen wird. Aspekte im Prozess, die der Interviewer nicht kannte, können so auch nicht identifiziert werden. Bei der Formulierung der Fragen des Leitfadens sind die dargestellten Nachteile offener Fragen allerdings zu berücksichtigen und auszuschließen, das heißt: Sorgen Sie für einen roten Faden im Interview, bauen Sie die Dramaturgie logisch auf. Wenn Sie merken, dass der Interviewte abschweift, bringen Sie ihn wieder „auf Kurs".

Einleitung und Ablauf des Gesprächs

Die Einleitung des Gesprächs ist sehr wichtig. Durch die Gesprächseinleitung wird der Befragte auf den bevorstehenden Dialog vorbereitet.

Die Einleitung des Gesprächs sollte

- eine persönliche Vorstellung des Interviewers,
- die Ziele der Befragung,
- einen Überblick über den Gesprächsverlauf,
- die geplante Zeit (nicht mehr als 60 Minuten!) und
- das Vorgehen bei der Auswertung und die Art der Protokollierung

enthalten.

Beziehen Sie von Anfang an den Mitarbeiter als Spezialisten für seine Arbeit ein. Daraufhin sollte die eigentliche Befragung beginnen. Hier sollte die Abfolge der Themenkreise stimmig sein, sodass das Interview insgesamt eine Struktur mit Anfang, Mitte bzw. Höhepunkt und Ende aufweist. Der Interviewte sollte die Reihenfolge der Gesprächsthemen logisch nachvollziehen könne, den „roten Faden" erkennen.

Ihre Primärfragen sollten sich an den Kategorien der Prozessdiagnose (siehe Abb. 4.1: Diagnosekreis, Seite 92) orientieren. Was müssen Sie hier von dem Interviewpartner erfahren? Sicher müssen Sie nicht jede der Diagnose-Kategorien „abfragen". Dem Controller werden Sie andere Fragen stellen als dem Ingenieur.

Zeigen Sie Ihrem Interviewpartner Ihr Prozessdiagramm. Dieses bildet Ihre momentane Sicht des Prozesses ab.

Klären Sie: Ist die Darstellung aus der Sicht des Interviewten stimmig?

Spezifiziert er die Vereinfachung im Prozessdiagramm? Wir erfahren dann eventuell Neues oder hören (nur) uns bekannte Details, die wir nicht in die Grobstruktur aufnehmen wollten.

Wenn er sagt, dass Ihre Darstellung des Prozesses sich von seiner unterscheidet, kann es interessant werden. Eventuell beschreibt er einen Alternativablauf, wie er ihn erlebt: Dann sind sicher zwei weitere Interviewtermine nötig.

Klären Sie: Wo sieht er sich im Prozess? Welche Rolle hat er? Wie sieht der Prozess in seiner Arbeitswelt aus?

Spielt der Prozess in seiner Arbeitswelt eine eher kleine Rolle? Lässt sich das quantifizieren? Wie viel Zeit braucht er für die Bearbeitung des Prozesses? Wie viele dieser Prozesse bearbeitet er? Oder bestimmt der Prozess einen Großteil seiner Arbeitszeit? Wie organisiert er seine Arbeit im Prozess? Wo sieht er den wertschöpfenden Beitrag seiner Arbeit im Prozess?

Viele Einschätzungen sind hier möglich, wichtig ist: Werten Sie nicht die Antworten, sondern dokumentieren Sie die Einschätzungen des Interviewpartners! Wer sind die Kunden? Wer sind die Lieferanten? Wie erfährt Ihr Gesprächspartner, dass Arbeit für ihn da ist? Wie produziert er? Wem gibt er das weiter?

Klären Sie: Welche Form der Kommunikation zu Kunden und Lieferanten pflegt Ihr Gesprächspartner?

Kennt Ihr Gesprächspartner andere Beteiligte, Kunden, Lieferanten im Prozess persönlich? Oder läuft der Kontakt nur über Formulare?

Wie spricht der Interviewpartner über die anderen? Kollegial? Oder von „denen da"?

(Solche Fragen stellen Sie natürlich nicht explizit, sondern machen sich an der entsprechenden Stelle im Leitfaden eine Notiz, dass Sie an dieser Stelle beobachten wollen, wie Ihr Gesprächspartner sich über seine Kollegen äußert. Solche „Meta-Notizen" können Sie fett oder kursiv schreiben, damit sie sich von den Primärfragen abheben.)

Klären Sie: Wo sieht er Probleme im Prozess?

Welche Probleme sieht er? (Wie äußert er sich dazu: Mit dem „Zeigefinger" über „die da" oder „in der Sache"?) Hat er Ideen zur Lösung dieser Probleme?

Nach Abschluss der Befragung sollten Sie dem Befragten Gelegenheit geben, zusätzlich eigene Bemerkungen anzubringen. Am Schluss danken Sie ihm/ihr für das Gespräch, fragen Sie, wie das Interview empfunden wurde, und erklären Sie, wie Sie diese Informationen jetzt verwerten werden.

Üben Sie das Interview! Testen Sie es und modifizieren Sie gegebenenfalls Ihre Fragen. Was vom ersten Gesprächspartner noch missverstanden wurde, können Sie jetzt klarer formulieren. Neue Erkenntnisse können Sie einarbeiten. Eventuell müssen Sie noch ein Interview mit einem Ihrer Gesprächspartner führen.

Durchführung des Interviews

Sprechen Sie eine Liste von Interviewpartnern mit der Geschäftsleitung und den Prozessverantwortlichen ab (eventuell ist auch der Betriebsrat zu informieren). Planen Sie die Gespräche in einer für die Partner angenehmen Umgebung – am besten in deren Büro, wenn dort die notwendige Ruhe und Diskretion vorhanden ist.

Zum Interviewtermin müssen der Interviewleitfaden und Schreibmaterial in ausreichender Menge mitgebracht werden. Außerdem ein einfaches Prozessdiagramm, das Ihr bisheriges Verständnis zum Prozess zusammenfasst. Auch dieses Diagramm dient als Gesprächshilfe bei Ihren Interviews. Führen Sie Gespräche möglichst mit zwei Interviewern. Ein Interviewer führt das Gespräch, der andere achtet darauf, dass das Interview auf dem vereinbarten Pfad bleibt und nicht abschweift. Durch gelegentliche Zusatzfragen kann er steuernd in das Gespräch eingreifen. Machen Sie Notizen während des Gesprächs und fassen Sie die Ergebnisse am Ende des Gesprächs zusammen. Das Interview darf auf keinen Fall länger als eine Stunde dauern. Wenn es nötig ist, vereinbaren Sie ein weiteres Gespräch zu einem späteren Zeitpunkt. In den Interviews schildert jeder Beteiligte dann den Prozess, seine Rolle und die bestehenden Probleme aus seiner persönlichen Sicht.

Auswertung

Gleich nach dem Interview ist noch „alles frisch“ – deshalb sollten die beiden Interviewer gleich ans Werk gehen und ihre Notizen abtippen und „in Form“ bringen. Aus diesem Grund sollten Sie sich für die Interviewtermine stets mindestens zwei Stunden Zeit nehmen: Eine Stunde für das Gespräch selbst und eine Stunde für die sorgfältige Nachbereitung und Dokumentation des Gesprächs. Fassen Sie also die Ergebnisse zusammen und vergleichen Sie diese mit den bisherigen Erkenntnissen. Stellen Sie fest, wo Abweichungen und Widersprüche in der Schilderung der einzelnen Beteiligten zu erkennen sind. Gegebenenfalls brauchen Sie ein zweites Gespräch zur Klärung von Differenzen – unter Umständen fußen die verschiedenen Darstellungen aber auch auf unsauberen Absprachen im Prozess, dann wäre dies der richtige Befund. Deshalb ist es sehr wichtig, die verschiedenen Sichtweisen darzustellen.

Die Protokolle der Interviews müssen strikt vertraulich sein! Sie als Interviewer dürfen und müssen die Einstellungen und Äußerungen der Gesprächspartner verwerten und in Protokollen dokumentieren, aber halten Sie Zitate nicht namentlich fest. Gewährleisten Sie Anonymität!

Haben Sie alle geplanten Interviews gemacht, müssen Sie mit Ihrem Co-Interviewer zusammen aus den vielen Puzzleteilen ein Bild zusammensetzen. Aufgezeichnete Probleme stellen Sie erst einmal nur zusammen. Klären Sie:

- Welches zusätzliche Detailwissen über den Ablauf, über Häufigkeit, Zeitbedarf, Organisation etc. haben Sie gewonnen?
- Wo haben Sie unterschiedliche Wahrnehmungen festgestellt?
- Kann ich durch „trockenes“ Faktenwissen die Differenzen aufheben? Eventuell sind diese Differenzen aber auch der Fehler im Prozess!
- Welche Fehlerquellen werden gesehen, welche Lösungsansätze werden dargestellt?

Dabei müssen jetzt alle Diagnosefragen beantwortet sein! Die Antworten auf diese Fragen zu finden ist primäre Aufgabe der Interviews.

Achtung! Dieses Vorgehen schafft bei Ihnen ein Informationsmonopol: Jeder Gesprächspartner schildert seine Sicht, nur die Interviewer haben die Kenntnis aus allen Interviews. Dieses Monopol hat Vorteile, birgt aber auch Risiken. So könnte es dazu führen, dass der Berater die Ergebnisse der Analyse als „seine“ Erkenntnisse verkauft und den Lösungsideen seinen persönlichen Stempel aufdrückt.

Das ist nicht nur unredlich gegenüber den eigentlichen Urhebern, sondern schlicht eine taktische Dummheit: Jede Verbesserung, die der Organisation „von außen“ vorgeschlagen wird, muss einen enormen Widerstand überwinden, bis die Mitarbeiter den neuen Prozess mit Hand und Herz umsetzen. Ziel ist vielmehr, Lösungen zu entwickeln und dann dafür zu sorgen, dass genau diese Lösungen aus der Organisation heraus vorgeschlagen werden.

Das zweite Risiko dieses Informationsmonopols ist Angst. Mitarbeiter und Manager könnten den Interviewer als Bedrohung für ihre gesicherte Position empfinden. Sie wissen eben nicht, was mit ihren Aussagen passiert, und halten aus diesem Grund mit ihrem Wissen hinter dem Berg. Darum ist es wichtig, ein vertrauensvolles Klima für die Interviews zu schaffen. Ein vorangegangener Workshop kann dafür eine gute Grundlage sein.

5.5 Indizien für Prozessmängel

Woran bemerken Sie, dass ein Prozess krankt? Viele Verantwortliche und Mitarbeiter haben subjektiv das Gefühl, dass etwas nicht richtig läuft, können dies aber nicht in Worte fassen. Hier eine praktische Liste mit Anzeichen für Prozessmängel:

Stapel und Warteschlangen: Schauen Sie sich um, wo Sie Stapel mit Akten und Papieren finden. Wo sind Mitarbeiter oder Abteilungen im Rückstand mit den fälligen Aufgaben? Wo finden Sie Warteschlangen von Kunden, Bewerbern oder Lieferanten? Unternehmen, die bereits Aufwand investieren, ihre Warteschlangen zu verwalten (Arbeitsamt), offenbaren damit einen mangelhaften Prozess.

Redundante Informationshaltung: Stellen Sie fest, wo die gleichen (oder ähnliche) Informationen in unterschiedlichen Listen mehrmals gepflegt und aktualisiert werden. Prüfen Sie, wie viele Kopien von Excel-Listen mit Adressmaterial oder Ähnlichem existieren. Redundante Informationen bedeuten nicht nur Doppelarbeit in der Erfassung und Pflege – der notwendige Abgleich, die Fehlerquellen und der Aufwand zur Recherche bei Abweichungen kommen noch hinzu. Ein sauber organisierter Prozess bietet keinen Raum für redundante Informationen – darum sehen wir in der Existenz solcher Schattendokumentationen bereits ein sicheres Indiz für einen schwachen Prozess.

Überflüssige Informationen: Während der Untersuchung des Prozesses stoßen Sie auf Listen, Reports und Auswertungen, die von den Mitarbeitern fleißig produziert werden. Fragen Sie, wer diese Berichte erhält, und haken Sie dort nach, was diese Person mit den Informationen tut. Gut die Hälfte aller Berichte verschwindet ungelesen in irgendwelchen Ablagen – eine

Schande, wenn man bedenkt, wie viel Arbeitszeit, Fleiß und Engagement von Mitarbeitern dafür vergeudet wird.

Veraltete Informationen: Während des Geschichtsstudiums habe ich bei einem Praktikum in einem großen Firmenarchiv den Grundsatz des Archivars kennengelernt: Wir müssen Akten vernichten, um Wissen zu retten. Es ist schlicht unmöglich, alle Information zu bewahren – die Fülle des Materials würde eine Recherche blockieren und der Speicherbedarf stiege ins Unermessliche. Die wertvollen Informationen können nur dann sinnvoll bewahrt werden, wenn man die nicht benötigten Informationen entsorgt. Wenn Sie feststellen, dass auf den operativen Speichermedien Daten gelagert werden, die über ein Jahr alt sind und nicht verwendet werden, dann wissen Sie, dass hier kein Konzept über den Informationsbedarf der Prozesse vorliegt. Zu einem Prozess gehört eine Aufstellung der benötigten Informationen und eine Anweisung, wie mit historischen Daten zu verfahren ist.

Offensichtliche Missverhältnisse: Stellen Sie fest, wie viel Personal mit wie vielen Vorgängen beschäftigt ist, wie sich die Mitarbeiterzahlen und das Arbeitsaufkommen verändern, wie sich die Kosten und Durchlaufzeiten entwickeln. Dieses Indiz ist meistens der Anstoß, über Prozessmanagement nachzudenken.

5.6 Ursachen für Mängel im Prozess

Wie kommt es, dass Prozesse nicht optimal laufen? Die Gründe sind so vielfältig wie die Prozesse selbst. Aber einige generelle Trends können wir festhalten:

Veränderungen im Markt

Versorgungsunternehmen alten Stils waren so organisiert, dass sie mit möglichst geringem Aufwand möglichst viele Bürger mit Strom, Telefonie, Wasser, ärztlicher Versorgung und so weiter bedienen konnten. Kundenfreundlichkeit, Schnelligkeit und Preiskonkurrenz waren Fremdworte. Die neue Marktsituation fordert neue Prozesse in den Unternehmen.

Beispiel

Ein Energieversorger, der noch vor wenigen Jahren eine Vertriebsabteilung unterhielt, um Anträge auf Hausanschlüsse und Zähler entgegenzunehmen, hat diese Tätigkeiten so standardisiert, dass der technische Zeichner diese Formalia bei der Erstellung des Anschlussplans gleich mit erledigt. „Wir brauchen heute keinen Anschlussvertrieb mehr – wir brauchen einen Stromvertrieb", schildert der Leiter der Organisation. Es geht darum, die ortsansässigen Betriebe und Bürger davon zu überzeugen, den Strom hier und nicht anderswo zu kaufen – die alten Prozesse des Anschlussvertriebs sind also reif für die Ablage.

Veränderungen der rechtlichen Bedingungen

Unternehmen der ambulanten Pflege haben bis 1995 ihre Leistungen fallweise mit den Trägern der Sozialhilfe und den Krankenkassen abgerechnet. Sie mussten also dokumentieren, warum eine Person Pflege erhalten hat, wann und wie oft (ggf. wie lange) sie dort waren, um ihren Patienten zu pflegen. Mit der Einführung der Pflegeversicherung kamen völlig neue Bedingungen auf: Leistungen wurden einzeln abgerechnet und jede Pflegeleistung bekam einen festen Preis. Der Pflegeverlauf musste lückenlos dokumentiert werden, die Kosten und Erlöse mussten nach Leistungsgruppen differenziert in einer kaufmännischen Buchführung erfasst werden.

Von den mentalen Schwierigkeiten und Konflikten um das berufliche Selbstverständnis der Pflegerinnen und Pfleger abgesehen – die Administration eines solchen Betriebs war von Stund an nicht mehr dieselbe. Zahlreiche Betriebe haben versucht, möglichst viel von den Verfahren so beizubehalten, wie das die Mitarbeiter und Verwaltungskräfte gewöhnt waren, haben die Listen und Tagebücher ergänzt, haben die Leistungsdokumentation angepasst und arithmetische Verrenkungen inszeniert, um die gewohnten Abrechnungen irgendwie für die Pflegeversicherung „passend zu machen". Hier ist jedoch ein neuer Prozess vonnöten, nicht Flickwerk am alten Verfahren.

Änderung der Ziele

Eine EDV-Abteilung erhält das Ziel, den Prozess „Einrichtung eines neuen Mitarbeiter-Arbeitsplatzes" in weniger als 48 Stunden über die Bühne zu bringen. Der Prozess wird auf dieses Ziel hin optimiert, doch in der Zwischenzeit ändern sich die Rahmenbedingungen und es werden kaum noch Leute eingestellt. Das Ziel ist obsolet, die Qualität wird an ganz anderen Maßstäben gemessen – der Prozess ist aber noch immer auf das alte Ziel ausgerichtet. Merke: Änderungen der Zielvorgaben von Prozessen haben fast immer Änderungen im Prozess zur Folge.

Technische Entwicklungen

Die Innovationen auf dem Markt der Büroautomation haben sich in den letzten fünfzehn Jahren überschlagen – die Effizienz der Büroarbeit ist jedoch nur marginal gestiegen. Mit jeder Neuerung der technischen Möglichkeiten ändert sich die Arbeitsweise in den administrativen Prozessen ein kleines Stück. Ob aber der gesamte Prozess angesichts der aktuell gegebenen Möglichkeiten optimal organisiert ist, steht auf einem anderen Blatt. Die Umstellung der Korrespondenz auf elektronische Post ist ein augenfälliges Beispiel für diese „Gleichzeitigkeit des Ungleichzeitigen". (Nein, jetzt kommt nicht die Geschichte mit den ausgedruckten E-Mails – aber vielleicht kennen Sie ja in Ihrem Umfeld noch Beispiele dieser Informationsverarbeitung.) Früher wurden zur Bearbeitung eines Vorgangs Formulare auf Papier von Hand ausgefüllt und per Hauspost verschickt. Heute verwenden Unternehmen Word-Vorlagen dieser Formulare, füllen sie am Rechner aus und senden die Datei als Anhang im Mail. Der Transport der Information hat sich beschleunigt – für die Verarbeitung der Informationen ändert sich nichts: Nach wie vor wird jeder Bearbeiter die für ihn wichtigen Daten manuell von einer Anwendung in eine andere übertragen (die Benennung der angehängten und abgelegten Dateien offenbart meistens ein heilloses Chaos).

Autonomes Wachstum der Prozesse

Arbeitsprozesse haben eine Tendenz zum Wachsen. Mitarbeiter sehen Notwendigkeiten für zusätzliche Tätigkeiten und Dokumentationen und üben diese mit der Zeit ein. Vor allem zusätzliche Datenhaltungen tragen dazu bei, dass mehr gearbeitet wird, als für die Sache erforderlich ist. Manchmal entwickeln sich richtige „Bypassprozesse" um die offiziellen Prozesse herum.

Teil 6: Unternehmensprozessmodelle und Optimierungsansätze

In diesem Kapitel lesen Sie, wie Sie die Geschäftsprozesse in Ihrem Unternehmen in ein Gesamtmodell zusammenfassen können. Die EPK-Modelle aus Kapitel 3 ordnen sich in den Kontext dieses Gesamtmodells ein und werden dadurch besser verständlich. Außerdem stellen wir Ihnen erste Optimierungsansätze für Ihre Unternehmensprozesse vor.

6.1 Geschäftsprozesse im Unternehmen

In einem Unternehmensprozessmodell fassen wir alle Geschäftsprozesse eines Unternehmens zusammen. Das Beispiel soll für diese Übung möglichst einfach sein: Stellen Sie sich vor, Sie analysieren am Samstagmorgen beim Brötchenholen die Geschäftsprozesse Ihres Bäckers (der wird Ihnen gewiss dankbar dafür sein). Wo fangen wir ein solches Modell an? Richtig – beim Kunden. Die Kunden unseres Bäckers sind Endverbraucher, die für ihre Haushalte frische Backwaren, kleinere Besorgungen an Lebensmitteln und sonntags auch eine Zeitung kaufen möchten. Sie erwarten Frische, hohe Qualität, die Verfügbarkeit eines kleinen Lebensmittelsortiments und kundenfreundliche Öffnungszeiten auch am frühen Morgen und am Sonntag.

Damit unser Bäcker diese Kundenerwartungen erfüllen kann, braucht er einen Verkaufsprozess, der diesen Anforderungen entspricht. Er wird also sein Personal einweisen, wie die Kunden zu bedienen sind, wie auf besondere Angebote aufmerksam gemacht wird, wie die Kasse zu bedienen ist und so weiter. Der Verkaufsprozess braucht natürlich Waren – einen Teil davon produziert der Bäcker selbst, einen anderen Teil kauft er hinzu. Mit den drei Prozessen

- Waren verkaufen,
- Backwaren produzieren,
- Handelswaren einkaufen

ist das Kerngeschäft dieses Bäckerladens umfassend beschrieben. Es sind die Leistungsprozesse des Unternehmens. Dazu braucht das Unternehmen noch unterstützende Prozesse, die dafür sorgen, dass die Leistungsprozesse rund laufen:

- Lieferantenbeziehungen pflegen

Der Bäcker muss wissen, was er wo günstig einkaufen kann und welcher Lieferant bestimmte Lieferkonditionen, Belieferungszyklen und so weiter bietet. Er pflegt seine Beziehungen zu den Lieferanten.

- Sortiment entwickeln

Damit er mit seinem Warensortiment jederzeit den Kundenerwartungen gerecht wird, beobachtet der Bäcker, „was läuft" und was nicht, welche Neuigkeiten der Markt bietet und was er in sein Warensortiment aufnehmen könnte. Er hat nur eine begrenzte Verkaufskapazität neben seinen Backwaren – da muss er gut entscheiden.

- Verkauf fördern

„Klappern gehört zum Handwerk" – und auch der Bäckerladen braucht seine Werbung, die Schaufenster- und Ladengestaltung und die Spezialangebote zur Verkaufsförderung.

- Rohstoffe einkaufen

Neben den Lieferanten für seine Handelsware kümmert sich der Bäcker auch um seine Rohstoffe. Es muss jederzeit von allen benötigten Zutaten die richtige Menge im Lager sein und nichts darf schlecht werden.

- Geräte bereitstellen

Die Backstube steht voll Technik – alle Geräte bedürfen der Pflege und Wartung, neue Geräte werden beschafft, die Mitarbeiter wollen an den Geräten eingearbeitet werden.

- Produkte entwickeln

Gugelhupf und Butterkuchen reichen nicht mehr aus. Der Bäcker wird ständig bedacht sein, die Produkte seiner Backstube weiterzuentwickeln, um den Geschmack seiner Kunden zu treffen und dem Wettbewerb eine Plätzchenbreite voraus zu sein.

Soweit die Unterstützungsprozesse der Bäckerei. Das sind die Prozesse, die direkt die Leistungsprozesse unterstützen. Darüber hinaus gibt es noch Prozesse, die sich mit der Führung des Unternehmens – egal was das Unternehmen tut – befassen, die Führungsprozesse. Für unseren Bäcker die Finanzplanung und die Personalwirtschaft.

6.1.1 Wertschöpfungsdiagramme

Wenn wir die Prozesse in ihrer Wechselwirkung visuell darstellen wollen, ist die ereignisgesteuerte Prozesskette deshalb kein geeignetes Mittel, weil auf dieser Aggregationsebene der Darstellung keine genauen „Genau dann, wenn ...“-Beziehungen festzumachen sind. Wir verwenden daher ein gröberes Darstellungsschema, das Wertschöpfungsdiagramm. Hier unterscheiden wir die Leistungs-, Support- und Führungsprozesse und stellen dar, welcher Prozess zu einem anderen in einer Kunden-Lieferanten-Beziehung steht.

Der Zweck des Wertschöpfungsdiagramms ist der allgemeine Überblick: Zu den einzelnen Prozessen dieses Diagramms erstellen Sie eine Liste von Teilprozessen, die dann selbst in Form eines EPK darzustellen sind. Über Schachtelungen und Schnittstellen werden diese Prozesse miteinander zu einem zusammenhängenden Modell verbunden.

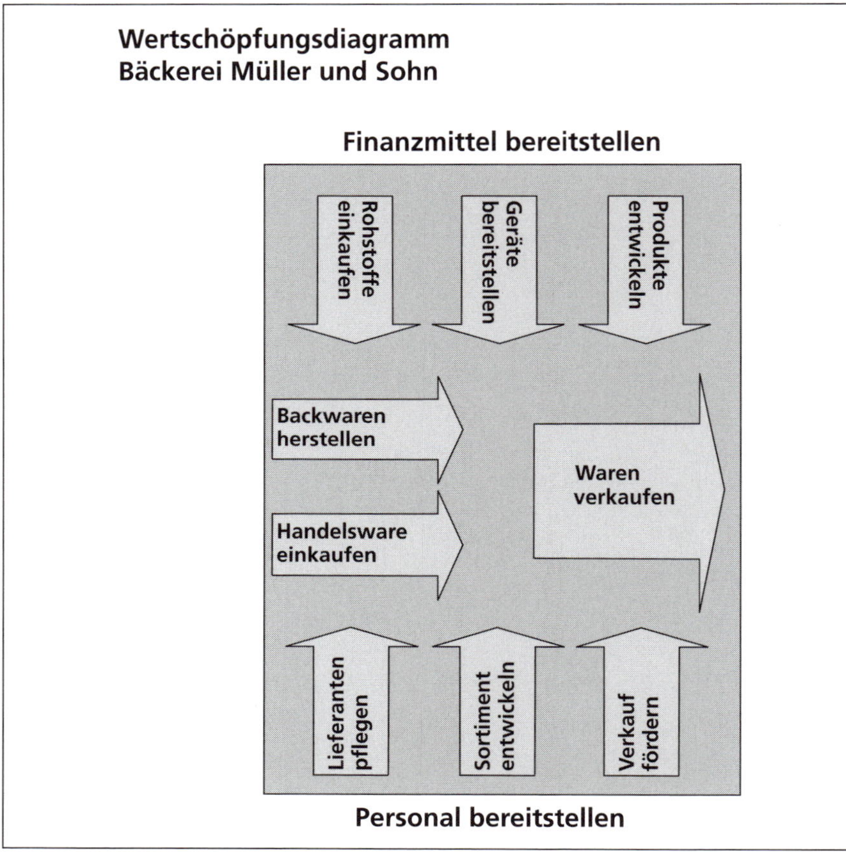

Abb. 6.1: Wertschöpfungsdiagramm, Beispiel „Bäcker"

6.1.2 Unternehmensprozessmodelle

Der Nutzen von Unternehmensprozessmodellen besteht in der Bewusstmachung und Klärung von Schnittstellen zwischen einzelnen Prozessen. Bei der Modellierung eines einzelnen Prozesses stellt der Prozessmanager fest, dass Anstoß und Input zu seinem Prozess von einem anderen ausgeht. Er sucht im Unternehmensmodell den Verantwortlichen für den beteiligten Prozess und spricht mit diesem die gemeinsame Schnittstelle ab. Dabei sind beide Prozessmodelle zu aktualisieren. Sie einigen sich über eine Bezeichnung des

Übergabeereignisses und definieren die genauen Konditionen. Diese Festlegung von Übergabepunkten ist wichtig, denn hier drücken die (internen) Kunden und Lieferanten ihre Erwartungen und Leistungen aus und vereinbaren ggf. dafür einen Preis. Beispiele für solche Übergabevereinbarungen sind Service-Level-Agreements, wie sie in der Informationstechnologie verwendet werden.

Unternehmensprozessmodelle werden oft einem festgelegten Schema folgend erstellt, das zum Beispiel wie folgt aussehen kann:

- Ein Wertschöpfungsdiagramm in Ebene 1 des Modells stellt die Kernprozesse des Unternehmens (wie in unserem Beispiel die Bäckerei) dar.
- Ein weiteres Wertschöpfungsdiagramm auf Ebene 2 zeigt die einzelnen Bestandteile der Prozesse aus Ebene 1, ohne bereits konkrete Schnittstellen und Übergaben zu definieren.
- Jeder hier dargestellte Prozess wird in Ebene 3 durch ein sehr allgemeines EPK-Diagramm differenziert. Die einzelnen Aktivitäten dieses Diagramms sollen die Alltagsprozesse der beteiligten Abteilungen und Personen darstellen.
- In Ebene 4 des Modells werden die im Alltag zu beobachtenden Prozesse dargestellt. Für den Detaillierungsgrad dieser Zeichnung gilt: Solange an einem Arbeitsschritt nur Personen einer Organisationseinheit beteiligt sind, wird der Schritt als eine Aktivität dargestellt – kann er in mehrere Aktivitäten verschiedener Organisationseinheiten zerlegt werden, ist die Differenzierung in dieser Ebene erforderlich.
- In der Ebene 5 des Modells werden die einzelnen Aktivitäten der Ebene 4 weiter aufgeschlüsselt. Hier entstehen Prozessmodelle für Abläufe innerhalb einer Abteilung. Den einzelnen Funktionen auf Ebene 5 können Arbeitsanweisungen beigefügt werden, die den einzelnen Bearbeitern konkrete Hinweise auf die Ausführung der Tätigkeiten geben.

Wie sinnvoll ist ein solches Modell? Vorteil ist die klare Struktur der Modelle und der einheitliche Aufbau. Für die Einarbeitung neuer Mitarbeiter kann ein Teamleiter die Modelle der Ebenen 4 und 5 mit den Arbeitsanweisungen heranziehen und anschaulich erläutern, was wie zu erledigen ist. Die Modelle der oberen Ebenen helfen, die Teile als Ganzes zu verstehen und die einzelnen Prozesse der Ebene 4 über Schnittstellen zu verbinden.

Ein wesentlicher Nachteil dieser Gesamtmodelle ist ihre Theorielastigkeit. In der Theorie gilt der Anspruch, dass einem Element (einer Aktivität oder einem Pfeil) einer jeden Ebene genau ein Modell auf der nächstniedrigeren Ebene entspricht. Dieses Prinzip kann zu einem Modell führen, das den Beteiligten im Alltag keine Orientierung mehr gibt und die gesamte Bemühung um eine Optimierung der Prozesse in ein denkbar schlechtes Licht rückt.

6.1.3 Top-down oder Bottom-up?

Die Anhänger der reinen Lehre können sich Unternehmensmodelle nur im Top-down-Approach vorstellen: Zunächst stellen wir (wie am Samstagmorgen in der Bäckerei) ein Gesamtmodell auf, brechen dieses dann in weitere Modelle herunter und erwarten dann, dass die Ebene 4 mit der Realität des Unternehmensalltags übereinstimmt (oder umgekehrt). Es wird Sie nicht verwundern, wenn diese Modelle dem Realitätsschock nur selten standhalten. Ich habe eine Vorführung eines Softwarehauses für ein Prozessmodellierungswerkzeug in einem Telekommunikationsunternehmen erlebt, bei der der Hersteller dem Kunden gleich ein „Referenzmodell“ mitgeliefert hat. „So in etwa sieht die Prozesslandschaft Ihres Unternehmens aus, wenn Sie es richtig machen.“ Das Unternehmen war m. E. gut beraten, das Angebot dankend abzulehnen.

Andererseits wird ein Unternehmensmodell, dass „Bottom-up“ direkt aus der Praxis zusammengesetzt wurde, kaum zu einer schlüssigen und überzeugenden Gesamtsicht des Unternehmens führen – zu schwierig ist die Bewertung der einzelnen Prozesse, wenn keine Vorstellung vom Gesamtprozess des Unternehmens gegeben ist.

Michael Hammer hat das Unternehmensmodell mit einem genialen Gedicht verglichen:

Wenn es fertig ist, klingt es vollkommen leichtfüssig, als wäre es aus der Sprache des Alltags hergeleitet – versucht man jedoch, eines zu schreiben, verzweifelt man an der Beschränktheit der eigenen Vorstellung und Sprachgewandtheit.

Das beste Lob für ein Prozessmodell ist die Frage: „Und warum habt ihr dafür so lange gebraucht?" Sobald jemand im Detail danach sucht, ob diese oder jene Funktion im Modell gebührend berücksichtigt ist, wird das Modell dem Zweck nicht gerecht. Ein gutes Modell leuchtet auf Anhieb ein, ist einfach und doch vollständig.

Statt Bottom-up oder Top-down empfehle ich eine „Sandwich-Methode": Entwerfen Sie ein vorläufiges Modell des Gesamtunternehmens und verifizieren Sie es durch die Definition der konkreten Alltagsprozesse. Je weiter Sie mit der Modellierung der konkreten Prozesse voranschreiten, desto weiter verbessert sich das Unternehmensmodell. Ich warne eindringlich vor Projektplänen, die sechs Wochen für Ebene 1 veranschlagen, weitere drei Wochen für Ebene 2 und so weiter. Projektplaner mit diesem Ansatz versuchen, ihr Lehrbuch aus dem Grundstudium gewinnbringend zu veräußern.

6.1.4 Grenzen von Unternehmensprozessmodellen

Ein wichtiges Handicap dieses Meta-Modells ist die Gliederung von Teilprozessen in chronologischer Ordnung. Ein Beispiel soll die Schwierigkeiten verdeutlichen: Ein Unterstützungsprozess im Modell der Ebene 1 ist „Informationssysteme bereitstellen". Damit sind alle Prozesse zur Unterstützung der Leistungsprozesse mit IT-Systemen umschrieben. Die Ebene 2 des Modells gliedert den Unterstützungsprozess (theoretisch richtig) in die Teilschritte „Informationssysteme planen", „Informationssysteme entwickeln" und „Informationssysteme betreiben". In der Praxis zeigt sich aber, dass die meisten Prozesse der Ebene 4, die zu „Informationssysteme betreiben" gehören, wichtige Aufgaben zu erledigen haben, die eigentlich in den Schritt „planen" oder „entwickeln" gehören. Sobald es um die Inbetriebnahme neuer Systeme oder die Umsetzung von Änderungen im laufenden Betrieb geht, enthalten alle Prozesse Elemente aus den Planungsprozessen. Will man diesen Prozess entsprechend dem Gesamtmodell richtig darstellen, muss man ihn in seine Teile zerlegen, einen Teil als Unterprozess von „Informationssysteme planen", einen anderen unter „entwickeln", einen dritten unter „betreiben" ablegen. Mit Schnittstellen verbunden wird ein zusammenhängender Prozess daraus. In der Praxis fördert ein solches Vorgehen aber nicht die Wahrnehmung von Prozessen als Einheit. Hier ist es besser, das Modell weniger dogmatisch zu verstehen und den Schwerpunkt auf die Modellierung der unteren Modellebenen zu legen. Ein zweites Problem ist die Darstellung von Varianten: Das oben zitierte Beispiel des Prozesses „Informationssysteme betreiben" sollte in der Praxis in fünf Varianten modelliert werden:

- Anwenderanfragen bearbeiten
- Änderungsprojekte bearbeiten
- technische Änderungen ausführen
- IT-Probleme bearbeiten
- Betriebsaufgaben im Rechenzentrumsalltag

Das enge Korsett des Unternehmensmodells mit fünf Modellierungsebenen zwingt dazu, auf Ebene 3 ein Kunstprodukt zu schaffen, in den alle Varianten in einem schlüssigen Prozess zusammengefasst werden. Eigentlich müsste hier eine Darstellung gewählt werden, aus der leicht zu verstehen ist, dass es im Prozess „Informationssysteme betreiben" die fünf einzelnen Prozessvarianten gibt. Das Prinzip der EPK basiert aber primär auf der Darstellung von zeitlichen Folgen (eine Aktivität nach der anderen), weniger auf der Differenzierung von Alternativen.

Ein EPK-Modell, das nur eine Verzweigung in mehrere Oder-Zweige darstellt, ohne dass die einzelnen Zweige hier bereits ausformuliert werden, macht wenig Sinn und benötigt viel Darstellungsraum für wenig Aussage. Hier ist vielmehr eine Darstellung von Auswahlmatrizen zu empfehlen, bei der alle infrage kommenden Teilprozesse in einer Tabelle den jeweiligen Auswahlkriterien zugeordnet werden. Diese Tabelle besitzt in der Praxis einen höheren Aussagewert als ein EPK-Diagramm.

Eine letzte Warnung sei Modellierern von Unternehmensmodellen mit auf den Weg gegeben: Befreien Sie sich von der Illusion, dass Sie erstens alle

Prozesse eines Unternehmens in Ihrem Modell erfassen können und dass zweitens die Prozessmodelle der oberen Ebenen immer mit der Summe aller darunter liegenden Prozessmodelle deckungsgleich sind. Diese Annahmen existieren nur in der Theorie – für die Praxis sind sie unbrauchbar.

6.2 Optimierungsansätze

Die Analyse ist abgeschlossen, die wichtigen Prozesse sind als Modell visualisiert und der Gesamtzusammenhang des Unternehmens ist in ein grobes Unternehmensmodell eingeflossen. Nur geändert hat sich noch nichts. Auf den nächsten Seiten erfahren Sie die verschiedenen Wege zur grundlegenden Verbesserung von Geschäftsprozessen.

Welche Ansätze bieten sich, um Prozesse nach Analyse und Modellierung nachhaltig zu verbessern? Die folgenden Konzepte dienen der grundsätzlichen Überlegung zum Prozessmanagement. Das detaillierte Verfahren zur Prozessoptimierung stellen wir im letzten Kapitel vor.

6.2.1 Integration von Arbeitsschritten

Der häufigste Befund in der Analyse von Geschäftsprozessen ist die überzogene Fragmentierung von Arbeit in viele einzelne, unverbundene Arbeitsschritte. Die hohe Zahl von Übergaben schafft Verzögerungen durch Liegezeiten, Fehler durch Kommunikationsmängel und Kompetenzwirrwarr zwischen den beteiligten Abteilungen.

Warum ist es überhaupt zur gegebenen Fragmentierung gekommen? Zwei Gründe sind hier anzuführen – die Ansätze zur Überwindung dieses Stückwerks liegen im Verständnis der Gründe.

Der erste Grund sind die Prinzipien der industriellen Arbeitsteilung von Taylor – „Einfache Jobs für einfache Leute“ – und ein Führungssystem, das in erster Linie auf Kontrolle der einfachen Leute ausgerichtet ist. Den Mitarbeitern werden kleine Arbeitspakete gegeben, weil ihnen nicht zugetraut wird, in Zusammenhängen zu denken. Die Erkenntnisse der ausführenden Personen aus der Praxis finden selten Eingang in die Planung von Arbeitsabläufen. Die Kontrolle des Prozesses erfolgt über die Kontrolle der einzelnen Funktionen. Diesem System entspricht es, dass die Verantwortlichen für einzelne Unternehmensfunktionen eine Menge statistisches Material über die Leistungen ihrer Abteilung präsentieren können, das so gut wie keine Information über die Leistung und die Qualität des Prozesses liefert.

Der zweite Grund ist die Annahme, dass Informationen nur an einem Ort zu einer Zeit liegen können. Arbeiten und Entscheidungen in einem Prozess müssen dort verrichtet werden, wo eine Person im Besitz dieser Information ist. Gedanken über eine Umverteilung von Informationen sind revolutionär. Moderne Informationssysteme enthalten regelrecht umstürzlerische Potenziale: Information ist nicht mehr orts- oder personengebunden – Information kann heute überall sein. Das Paradigma, dass der Vorgang (die Akte) zur Information bewegt werden muss, ist außer Kraft gesetzt: Die Information kommt zum Vorgang.

Beide Gründe führen zum Optimierungsprinzip der Integration: Auf der einen Seite Motivation, Fortbildung und Ermächtigung von Personen, um mehr Verantwortung für größere Zusammenhänge von Arbeit zu übernehmen. Auf der anderen Seite Analyse des Informationsbedarfs im Prozess und Integration aller verfügbaren Informationen in eine Datenbasis.

6.2.2 Zentralisation/Dezentralisation

Ein zweiter Optimierungsansatz ist bei geografisch verteilten Organisationen zu diskutieren: Welche Aufgaben sollen in der Zentrale, welche dezentral ausgeführt werden? Traditionell gelten bei dieser Entscheidung die klassischen Kriterien:

- Wenn eine Aktivität in mehreren Filialen gleich auszuführen ist, kann sie in der Zentrale effizienter erledigt werden, weil die Rationalisierungseffekte der Menge genutzt werden.
- Ist eine Entscheidung für das Unternehmen von Bedeutung, ist die Zentrale zuständig – die Filialen sind dazu da, die Entscheidungen der Zentrale umzusetzen.

Die Betrachtung des Prozesses – Häufigkeit der Übergaben und Medienbrüche – findet selten Eingang in die Überlegung. Die Informationstechnik bietet aber die Möglichkeit, Entscheidungen neu zu definieren: Die Ausführung wird dort konzentriert, wo der Schwerpunkt des Prozesses liegt. Das ist in der Regel für alle kundenorientierten Prozesse die Filiale, für die Supportprozesse die Zentrale. Die benötigten Informationen können da sein, wo sie gebraucht werden.

Diese Sichtweise führt aber zu einem neuen Selbstverständnis von Zentrale und Filiale: Aus der „Verkaufsstelle" an der Peripherie wird jetzt das kundenorientierte Profit-Center, das den Löwenanteil der Wertschöpfung bringt und damit eine hohe Wertschätzung im Unternehmen verdient. Die Zentrale, weiland Nabel der Welt, versteht sich nunmehr als Dienstleister für die Akteure am Point of Service.

6.2.3 Komplexitätsmanagement

Ein wichtiger Grund für die Fragmentierung von Prozessen ist die tatsächliche oder angenommene Komplexität von Entscheidungen und Aktivitäten. „Weil die Sachverhalte so komplex sind, brauchen wir Experten für bestimmte Aufgaben." Hier ist zu fragen, ob die Sachverhalte wirklich so komplex sind und – wenn ja – ob das so sein muss.

Michael Hammer führt ein Beispiel zur Kreditgewährung bei Verkäufen der IBM an: Der Verkäufer schließt den Auftrag ab, je eine weitere Abteilung ist zuständig für die Bonitätsprüfung, die Preisgestaltung, die Vertragsgestaltung, die Ausstellung der Kreditdokumente. Alle Aufgaben sind so komplex, dass ein Fachmann benötigt wird. Die Dauer des Prozesses ist durchschnittlich acht Tage, wobei der Kunde während dieser Frist immer noch die Möglichkeit hat, von seinem Kauf zurückzutreten. Die geschätzte Dauer der wertschöpfenden Tätigkeiten beträgt allerdings nicht mehr als zwei Stunden in der Summe aller Aktivitäten.

Im restrukturierten Prozess erledigt eine Person alle Aufgaben des Prozesses. Sie hat dazu eine gut durchdachte Entscheidungsmatrix, die 80 Prozent der auftretenden Fälle abdeckt. Dokumentenvorlagen und Berechnungshilfen erleichtern ihr die Arbeit, der Zugriff auf zentrale Datenbanken zur Bonitätsprüfung ermöglicht auch die Integration dieser Tätigkeit. Ein Teil der ehemaligen „Experten“ wird nun zu Generalisten und übernimmt die Aufgabe des gesamten Prozesses. Ein kleiner Teil der Fachleute konzentriert sich auf die schwierigen Fälle, die wirklich die Kompetenz eines Professionals erfordern.

Dieses 80/20-Prinzip der Komplexitätsreduktion greift in sehr vielen Fällen. Versuchen Sie, die Entscheidungsgrundlagen für das Gros der Fälle in klaren Matrizen zusammenzufassen. Reservieren Sie Fachkompetenz für die übrigen 20 Prozent. Setzen Sie darüber hinaus das Ziel, dass von den verbleibenden 20 Prozent wiederum 80 Prozent mit einem standardisierten Expertenablauf aufgefangen werden. Vier Prozent bleiben die echten Nüsse für die Cracks. Es geht.

Dieses Verfahren hat zwei Vorteile: Die Standardisierung der meisten Fälle führt zu einer schnellen und kundenorientierten Bearbeitung der Standardfälle. Die Möglichkeit, einen Spezialfall zu deklarieren, schafft die Flexibilität, auf spezielle Bedingungen zu reagieren.

Dieses Prinzip wird häufig verletzt, wo kundenorientierte Vorgänge in einem Service-Desk oder Call-Center zusammengefasst werden. Der Zwang zur Perfektion – das Call-Center muss alles abfangen – treibt die Kosten der Lösung in schwindelerregende Höhen, und am Ende bleibt der Kunde zurück, der partout in keine der vorgegebenen Schubladen passen will.

6.2.4 Automatisierung

Dieses Prinzip der Komplexitätsreduktion ermöglicht die Integration von Prozessen – geringere Übergaben, geringerer Informationsverlust, höhere Job-Zufriedenheit, größere Kundenorientierung. Der praktische Nutzen dieser Maßnahmen ist meistens wesentlich größer als die Automatisierung von repetitiven Aufgaben. Ich erinnere mich an einen hochgradig fragmentierten Ablauf zur Generierung von User-Accounts in einem IT-Service. Ein Vorschlag zielte darauf ab, einen Workflow zu installieren, der alle Entscheidungsinformationen zusammenbringt und den Prozess zu nur einem Bearbeitungsschritt integriert. Der andere Vorschlag forderte eine vollkommen automatisierte Generierung von Accounts – inklusive der automatischen Autorisierung durch die Kostenstellenleiter. Der zweite Vorschlag kostete in der Durchführung etwa das Dreifache des ersten – der zu erwartende Nutzen wäre nur marginal größer gewesen – wenn überhaupt.

Befreien Sie sich vom tayloristischen Paradigma, dass alle Arbeit leichter wird, wenn man sie nur in stupide Einzelschritte zerlegt, die dann ein Roboter oder eine Bürosoftware erledigen kann.

Merke: Erst strukturieren – dann (vielleicht) automatisieren.

6.2.5 Workflow-Management-Systeme

Das Workflow-Management-System ist das ideale Hilfsmittel, strukturierte Informationen in einem strukturierten Prozess zu transportieren. Mit dem Start eines Prozesses wird ein Dokument erstellt, das alle zum Vorgang bekannten Informationen bereits enthält oder im ersten Arbeitsschritt aufnimmt. Für jeden weiteren Arbeitsschritt wird dem jeweiligen Bearbeiter ein Ausschnitt dieses Dokuments zur Anzeige gebracht, der alle für diese Tätigkeit relevanten Informationen enthält. Interne Inputs sind nur mit Lesezugriff zu bekommen, externer Input findet ein editierbares Feld für die Eingabe. Angeschlossene Datenbanksysteme (Warenwirtschaft, Logistik, Kundendatenbank, Finanzbuchhaltung, Zahlungsverkehr oder Kostenrechnung) werden an diesen Ablauf angeschlossen. Sie speisen Daten in den Workflow-Container ein oder werden umgekehrt mit Datenaktualisierungen versorgt. Die Strukturierung des Prozesses erfolgt über Anweisungen, die einem EPK-ähnlichen Diagramm entnommen werden. Der Workflow entnimmt diesen Darstellungen die Ablauflogik des Prozesses und leitet die Dokumente entsprechend dieser Anweisung an die richtigen Personen weiter. Ändert sich der Ablauf, reagiert das System flexibel über die Änderung des Workflow-Designs im EPK-Diagramm.

Der Organisationsaspekt findet im Workflow seine Entsprechung in einem Repositorium aller organisatorischen Einheiten und der Beziehungen, die zwischen diesen Einheiten gelten (Vorgesetzter von xy; Mitarbeiter von xy etc.). Dynamische Auswertungen von Zuständigkeiten sind ebenso möglich. Ändert sich die Besetzung einer Stelle im Unternehmen, ist nicht der Workflow, sondern nur das Organisationsverzeichnis zu aktualisieren.

Der Kontrollaspekt wird abgedeckt durch eine auf die Bedürfnisse des Prozesses abgestimmte Protokollierung der Vorgänge. Je nach Notwendigkeit einer detaillierten Information werden dichtere Informationen über die Bearbeitung der einzelnen Prozessschritte gespeichert. Die Auswertung erfolgt über einfache Statistiktools. Dem Sicherheitsaspekt trägt ein Berechtigungssystem Rechnung. Damit wird geregelt, wer die Dokumente lesen und verändern darf, wer einen Workflow initiieren darf, wer die Arbeitsschritte ausführen kann und wer Ausnahmen vom vorgegebenen Ablauf (insbesondere die Stornierung eines Workflows) genehmigen kann. Der Zugriff auf die Gestaltung der Ablaufmuster ist nochmals gesondert zu regeln. Die notwendige Flexibilität zur Berücksichtigung von Sonderfällen ergibt sich aus der Einrichtung eines Prozessverantwortlichen, der jederzeit jedes Dokument manuell aus dem automatischen Ablauf herausnehmen, selbst bearbeiten oder an einen anderen Bearbeiter weiterreichen kann. Auch der „Umweg“ eines Vorgangs ist möglich, wenn spontan ein zusätzlicher Bearbeitungsschritt eingefügt werden muss.

Über die Protokollierung der Vorgänge ist diese Flexibilität kontrollierbar. Aus meiner Sicht sind Workflow-Management-Systeme die zurzeit am weitesten unterschätzten Instrumente der Informationstechnik.

Aufgabe

Erstellen Sie je ein Unternehmensprozessmodell für zwei verschiedene Handelsunternehmen für Heimelektronik:

- Unternehmen A achtet auf sehr hohe Kundenbindung und individuellen Kundenservice.
- Unternehmen B legt Wert auf hohen Durchsatz von Geräten, Kunden und Umsatz (der Service steht im Hintergrund).

Wie unterscheiden sich die Unternehmensprozessmodelle dieser zwei Handelsunternehmen?

Lösung

Ein Handelsunternehmen, das vor allem auf hohen Durchsatz von Geräten, Kunden und Umsatz Wert legt, hat zwei Kernprozesse: Heimelektronikware einkaufen und Heimelektronikware verkaufen. Augrund der starken Durchsatzorientierung könnte eventuell „Verkauf fördern", üblicherweise als Unterstützungsprozess zu klassifizieren, im **Unternehmen B** ein Kernprozess sein. Wichtig ist ein breites und kostengünstiges Sortiment. Prozesse, die mit Service und Qualität zu tun haben, rangieren beim „Kistenschieber" hinter den logistischen Prozessen.

Diese wiederum spielen beim „Serviceunternehmen", **Unternehmen A,** keine so prominente Rolle. Unternehmen A hat als Kernprozesse ebenfalls „Handelsware einkaufen" sowie „Ware verkaufen". Hier ist jedoch „Verkauf fördern" klar ein Unterstützungsprozess, wogegen „Service leisten" den Stellenwert eines Kernprozesses einnehmen könnte. Eventuell könnten zudem zentrale Unterstützungsprozesse wie Mitarbeiter schulen, Serviceleistungen entwickeln und Kundendienst mit in das Modell aufgenommen werden. Beim Serviceunternehmen stehen Kundenberatung, Reklamationsmanagement und Ähnliches im Vordergrund.

Das Viel-und-billig-Unternehmen optimiert vor allem die Logistik: Hier steht Supply Chain Management im Vordergrund: Beschaffung, Transport, Lagerung, Auslieferung, während das Mehrwertunternehmen eher Wert auf Customer Relationship Management legt.

Ein Wertschöpfungsdiagramm könnte also wie in Abbildung 6.2 aussehen.

Nun ist das Beispiel so pointiert gewählt, um deutlich zu machen, wie das Prozessmodell vom Geschäftsmodell abhängt. Man kann dies in der Praxis beobachten: Sowohl Aldi als auch IKEA belegen, dass eine erstklassige Logistik das Rückgrat des Geschäftsmodells ist. In den Serviceprozessen gilt das Prinzip „So einfach wie möglich, aber das hundertprozentig". Allerdings

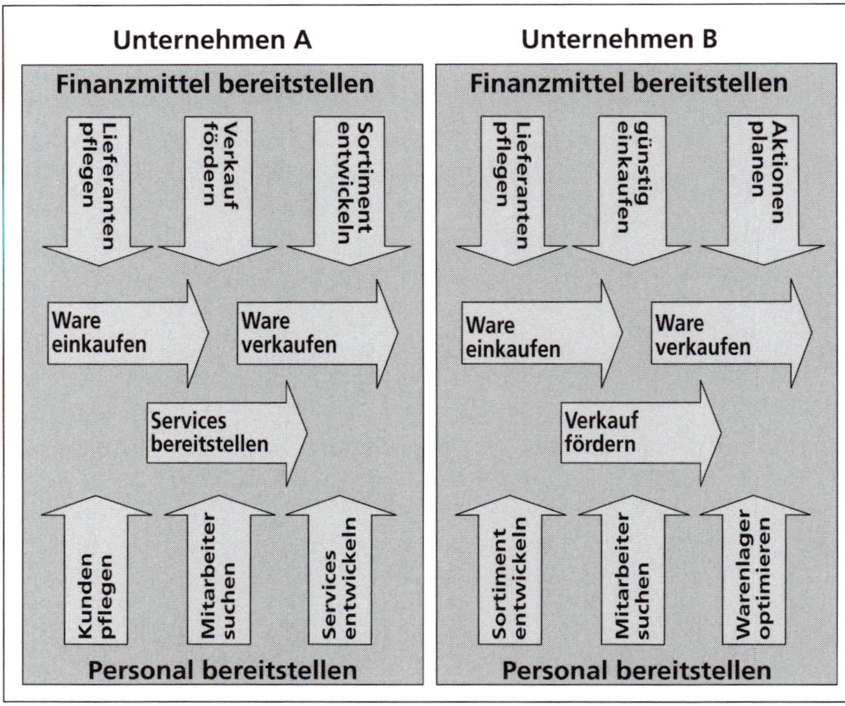

Abb. 6.2: Wertschöpfungsdiagramm, Beispiel „Handelsunternehmen"

funktioniert auch das nicht ohne Schulung und Unterstützung – selbst Unternehmen aus der Systemgastronomie investieren erhebliche Beträge in die Fortbildung, um mit ihrem gering qualifizierten Personal den festgelegten Servicestandard kontinuierlich sicherzustellen – denken Sie an McDonald's.

Teil 7: Umsetzung von Optimierungsmöglichkeiten

Im letzten Kapitel fassen wir noch einmal die wesentlichen Eckpunkte der Diagnose zusammen, Sie lernen, die Ziele für ein Redesign des Geschäftsprozesses zu formulieren und Zug um Zug zu verfeinern. Anschließend geht es an die praktischen Ansatzpunkte zur Verbesserung des Prozesses. Am Ende zeigen wir Ihnen, dass neben den harten Faktoren wie Organisation, Prozesse, Maßnahmen auch die weichen Faktoren wie Unternehmenskultur und Führung entscheidend sind für das Gelingen Ihres Prozessmanagementprojekts.

7.1 Design optimierter Geschäftsprozesse

Nach Analyse und Modellierung geht es nun um das Redesign von Geschäftsprozessen. Die Ergebnisse der Diagnose liefern die wichtigen Anhaltspunkte für die Neugestaltung der Abläufe, Zuständigkeiten und Informationssysteme. Auch die Festlegung der Ziele für eine Verbesserung von Prozessen baut auf dieser Diagnose auf. Sie lernen also, wie Sie die Ergebnisse der Diagnose zusammenfassen, daraus Richtmarken für die Zielfindung ableiten und einen Neuentwurf anhand eines einfachen Verfahrensmodells erarbeiten.

7.1.1 Ergebnisse der Diagnose

Bevor Sie darangehen, den Geschäftsprozess zu verbessern, fassen Sie Ihre Diagnoseergebnisse noch einmal zusammen. Die Diagnose ist die Ausgangsbasis für die Optimierungsziele und die Maßnahmen.

Kunden und Erwartungen

Wer sind die Kunden? Stellen Sie zusammen, welche Kundengruppen vom Prozess bedient werden, welche Wertschöpfungs- und Zahlungsströme mit dem Prozess verbunden sind und wie die Kundengruppen untereinander in Beziehung stehen. Schaffen Sie auch einen Überblick über die zahlenmäßigen Größenordnungen, regionale Verteilung, Kaufkraft und andere wichtige Informationen über die Kunden des Prozesses. Was erwarten die Kunden von Ihrem Prozess?

Output

Was produziert der Prozess? Welche Leistung wird erwartet, welche Qualität muss geliefert werden und welche Informationen stehen am Ende des Prozesses zur Verfügung?

Input

Was liegt zu Beginn des Prozesses vor? Welche Dienstleistungen sind vor Prozessbeginn erbracht, welche Vorprodukte, Roh- und Hilfsstoffe liegen vor, welche Informationen werden vorgefunden?

Abgrenzung

Mit welchem Ereignis beginnt der Prozess? Welche Aktivitäten liegen innerhalb des Prozesses und welche sind dem Prozess vor- oder nachgelagert? Ist diese Abgrenzung sinnvoll oder bestehen unterschiedliche Meinungen über die Grenzziehung? Prozesse können sehr gut mit ihren Grenzereignissen beschrieben werden: „Vom Angebot zum Auftrag“, „Vom Auftrag zur Lieferung“, „Vom Lieferschein zur Rechnung“ und so weiter. Stellen Sie sicher, dass die Abgrenzung des Prozesses unter allen Beteiligten einvernehmlich ist.

Wertschöpfende Tätigkeiten

Stellen Sie zusammen, welche wertschöpfenden Aufgaben im Prozess zu erledigen sind. Hierbei ist auch die Reihenfolge und eine eventuelle Parallelität zu berücksichtigen. Die Kette der wertschöpfenden Tätigkeiten ist für die Optimierung der Maßstab.

Nicht wertschöpfende Tätigkeiten

Zeigen Sie auf, welche nicht wertschöpfenden Tätigkeiten Sie im Prozess ausgemacht haben. Fassen Sie die Diskussion um eine eventuelle Eliminierung von nicht wertschöpfenden Tätigkeiten zusammen. Welche Tätigkeiten sind überflüssig, welche werden mehrfach ausgeführt, welche Tätigkeiten können unter bestimmten Bedingungen überflüssig werden?

Wer, was, wann, wie viel, wie gut?

Machen Sie sich ein Bild von der quantitativen Bedeutung des Prozesses: Wie häufig wird der Prozess ausgeführt, gibt es verschiedene Varianten, die gezählt werden? Wie viele Personen und Abteilungen sind beteiligt, wie lange dauert die Ausführung des Prozesses, welche wesentlichen Qualitätsmerkmale werden eingehalten oder nicht eingehalten – welche Fehler sind häufig zu beobachten?

Probleme

Grenzen Sie die wesentlichen Probleme des Prozesses ein, bestimmen Sie die Ursachen und die Auswirkung dieser Probleme und führen Sie die in der Analyse gesammelten Lösungsansätze auf.

7.1.2 Ziele formulieren

Welche Ziele sollen für die Optimierung eines Geschäftsprozesses vorgegeben werden? Die Zielsetzung für ein Optimierungsprojekt ist die ureigene Aufgabe des Auftraggebers – also der Geschäftsleitung, in deren Unternehmen der Prozess stattfindet. Die Erfahrung zeigt aber, dass die Ziele für Prozessprojekte häufig zu vage formuliert sind und hier eine Konkretisierung eingefordert wird.

Ohne klar definierte Ziele wird jedes Optimierungsprojekt scheitern. Dieser Lehrsatz des Projektmanagements ist jedem bekannt, der sich auch nur kursorisch mit Projekten beschäftigt hat. Trotzdem wird er immer wieder vergessen. Darum noch einmal: Wenn Sie für ein Projekt zur Optimierung von Prozessen die Ziele nicht hinreichend definiert haben, können Sie dieses Projekt nicht zum Erfolg führen.

- Keine Ziele – kein Erfolg!

Weil aber jeder Auftraggeber aus seinem Managementseminar gelernt hat, dass er für ein Projekt Ziele formulieren muss, erhalten wir häufig Pseudoziele, die auf den ersten Blick toll aussehen, in der Praxis aber nichts bringen. Hier müssen wir nachfordern.

Meistens hören wir Forderungen nach „kürzerer Durchlaufzeit", „Verbesserung der Qualität", „Steigerung der Kundenzufriedenheit", „nachhaltigen Kosteneinsparungen" und so weiter – alles viel zu vage.

Zu Beginn eines Projekts zur Verbesserung von Serviceprozessen stimmen alle beteiligten Linienmanager zu, wenn das Ziel „Kostensenkung" festgeschrieben wird. In dem Moment aber, wo das Projektteam tiefgreifende Änderungen zum Zwecke einer Personalreduktion vorschlägt, hat das plötzlich keiner mehr so gemeint. Konkrete, mit Dimensionen und Werten versehene Ziele können in der Regel erst formuliert werden, wenn das Ergebnis der oben genannten Diagnose vorliegt. Ein pragmatischer Weg zur Zielvereinbarung führt daher über mehrere Schritte der Konkretisierung von Zielen. Für den ersten Schritt sind die genannten Schlagworte durchaus brauchbar – sie können stereotyp am Anfang jedes Prozessprojekts stehen.

Zielkategorien

Zur Konkretisierung helfen einige Kategorien als Checkliste für die Zielvereinbarung:

- Menge

Mengenziele sind vor allem für Vertriebsprozesse geeignet. Der Geschäftsplan sieht eine Umsatzausweitung um einen bestimmten Faktor oder eine erwartete geografische Ausdehnung vor – also gehören diese Erwartungen in die Zielformulierung des Vertriebsprozesses.

Aber auch die Serviceprozesse brauchen Zielvorgaben der Menge: Das in Kapitel 3 vorgestellte Telefonunternehmen hat sich eine Ausweitung der Kundenzahlen über die nächsten zwei Jahre vorgenommen – also muss auch der Aktivierungsprozess diese Mengen aushalten können.

- Kosten

Das Kostenziel ist meistens das Pendant zum Mengenziel: So wird beispielsweise erwartet, dass die Steigerung der Aktivierung der Kundenanschlüsse ohne Ausweitung des Personalstammes (oder nur bei festgelegter Aufstockung) erreicht werden soll. Kosten sollten aber auf jeden Fall genauer eingegrenzt werden: Will man den Einsatz von Roh- und Hilfsstoffen verringern, die Betriebskosten der Anlagen senken, die Investitionen eindämmen oder an den Personalkosten sparen? Die einfache Antwort „alles" reicht nicht aus. Fordern Sie Einsparungsziele für die einzelnen Kostenbereiche – nur so erreichen Sie den Veränderungsdruck, der für innovative Lösungen erforderlich ist.

- Zeit

Die meisten Serviceprozesse unterliegen einer Zeitbeschränkung. Definieren Sie die Anforderungen an die Zeit genauer:

Pünktlichkeit bedeutet die Forderung nach zeitgerechter Fertigstellung einer Leistung. Die Zielkategorie beinhaltet nicht automatisch Schnelligkeit, wohl aber Vorhersehbarkeit und Zuverlässigkeit der Ausführungsdauer.

Schnelligkeit ist die Kategorie für die Dauer der Ausführung vom Startereignis bis zum Endereignis. Ansatzpunkte für die Definition der Schnelligkeit sind die Bearbeitungszeiten der Aktivitäten und die Transport- und Liegezeiten zwischen den Aktivitäten.

- Qualität

Die Zielkategorie Qualität ist komplex und kann nur für den individuellen Prozess genauer eingegrenzt werden. Bestimmte Leistungsmerkmale zählen hier zu den Forderungen, aber auch die Abwesenheit von Fehlern. Die Kenntnis der hauptsächlichen Fehlerquellen des Prozesses ist erforderlich, um diese Kategorie mit Leben zu füllen. Auch Forderungen nach „weichen Faktoren" der Kundenzufriedenheit sind hier zu berücksichtigen.

- Kontrollierbarkeit

Die Tatsache, dass viele Prozesse nicht oder nur unzureichend kontrollierbar sind, erfordert es, die Kontrolle zu einer eigenen Zielkategorie zu erklären. Welche Daten über den Prozess und seine Ausführung müssen überprüfbar sein? Welche Sicherheitsvorkehrungen und gesetzlichen Vorgaben sind zu erfüllen, welche Transparenz über die Ausführung eines aktuellen Prozesses muss erwartet werden? Für die Formulierung dieser Ziele ist die innere Revision des Unternehmens der beste Ansprechpartner.

Maßstäbe für Zielformulierungen

Wie viel kann ich/muss ich erwarten? Ein zu kurz gestecktes Ziel baut gar nicht erst einen Veränderungsdruck auf, ein zu weit gestecktes könnte am Ende Frust hervorrufen, wenn es nicht erreicht werden kann.

Bevor wir uns den einzelnen Maßstäben für die Quantifizierung von Zielen zuwenden, möchten wir noch zwei allgemeine Anleitungen für Zielformulierungen anführen. Die Formeln sind nicht neu, aber sie bewähren sich immer wieder:

SMART

Ziele sind „smart". Das Akronym steht für

- spezifisch, also auf den jeweiligen Prozess bezogen,
- messbar, also in quantitativer Form zu überprüfen,
- anspruchsvoll, also weit genug gesetzt,
- realistisch, also nicht zu weit gegriffen,
- terminiert, also mit einem definitiven Zeitpunkt versehen, an dem das Ziel erreicht wird.

Indikativ, Aktiv, Gegenwart

Wir formulieren unsere Ziele im aktiven Indikativ der Gegenwart. Diese grammatische Formulierung unterstreicht ihre Verbindlichkeit und versperrt den mentalen Ausweg: „Ich hab's probiert, aber es hat nicht geklappt."

Alle Formulierungen wie „Wir wollen unsere Aufträge in 2 Tagen bearbeiten", „Wir werden die Kosten um 12,5 Prozent senken", „Der Servicetechniker soll innerhalb einer Stunde beim Kunden sein" enthalten ein nicht ausgesprochenes „vielleicht".

Das Passiv hat in Zielformulierungen nichts verloren – „Die Ware wird am Tag nach der Bestellung beim Kunden angeliefert" klingt zwar verbindlich, nimmt aber niemanden in die Pflicht, darum immer im Aktiv formulieren. Worte wie „möglichst" oder „im Rahmen der Möglichkeiten" vermeiden wir vollständig – das sind Verliererfloskeln.

Also: „Wir produzieren die gleiche Menge von X in der halben Zeit." Oder: Wir senken die Kosten um 12,5 Prozent." Hierin steckt eine deutlich größere Verbindlichkeit – und durch das Vermeiden des Passiv sind Sie gezwungen, einen Akteur der Handlung zu benennen („wir", „die Filialen", „der Service" tut etwas, nicht irgendwer!).

Kundenerwartungen

Der beste Maßstab für Prozessziele sind die Kunden und ihre Erwartungen. Wenn ein Kunde bestimmte Lieferfristen vorgibt, macht es keinen Sinn, über längere Fristen zu diskutieren. Wenn ein Preis von außen festgesetzt ist, muss die Leistung eben zu diesem Preis erstellt werden – oder gar nicht. Nicht in allen Fällen ist eine Kundenerwartung explizit formuliert – das Gespräch mit wichtigen Kunden kann aber diese Erwartungen an die Oberfläche bringen.

Wettbewerb

Was macht die Konkurrenz? Wenn ein wichtiger (oder auch ein neuer) Wettbewerber eine Leistung in kürzerer Zeit, zu günstigerem Preis, mit besseren Qualitätsmerkmalen anbieten kann, wird er (richtiges Marketing vorausgesetzt) dem Unternehmen Marktanteile wegnehmen. Beobachten Sie also genau, was die Wettbewerber zu leisten in der Lage sind.

Häufig sind es die Vertriebsprofis im Unternehmen, die den Blick auf den Wettbewerb haben – das haben sie allerdings bestens gelernt. Einem Kunden, der auf eine vermeintlich oder tatsächlich bessere Leistung des Wettbewerbs verweist, muss der Verkäufer selbstverständlich einen besonderen Vorteil des eigenen Produkts entgegenhalten können – das ist sein Job.

Bei der Zielfindung für die eigenen Prozesse ist diese Brille aber ungeeignet. Hier zählt nur der schonungslose Blick auf die eigenen Leistungen und die der anderen.

Benchmarking

Nicht nur der eigene Wettbewerb liefert gute Maßstäbe für Prozessziele. Viele Prozesse sind branchenunabhängig vergleichbar. Der kollegiale Austausch in Berufsorganisationen bestimmter Unternehmensfunktionen bietet eine gute Orientierung, wie zum Beispiel Einkaufsprozesse in Unternehmen mit vergleichbarer Struktur organisiert sind.

Wertschöpfung

Das Verhältnis zwischen wertschöpfender Arbeit und gesamter Prozessdauer liefert einen hervorragenden Anhaltspunkt für das realisierbare Optimierungspotenzial eines Prozesses. Wenn nachweislich die wertschöpfenden Tätigkeiten nur wenige Stunden in der Summe ausmachen, der gesamte Prozess aber mehr als eine Woche dauert, klingt eine Forderung nach einer Durchlaufzeit von höchstens zwei Tagen zwar revolutionär, ist aber durchaus realistisch.

Vorgaben

Vorgaben durch Normen, gesetzliche Vorschriften oder Kundenbestimmungen sind Muss-Faktoren bei der Zielbestimmung.

Intuition

Last but not least: der Bauch. Wer sich als verantwortliche Führungsperson auf sein Gefühl verlassen kann, dass ein bestimmtes Optimierungspotenzial zu realisieren ist, sollte das ernsthaft prüfen – und dann beherzt verkünden. Das motiviert. Eingängige Formeln wie „von acht Tagen auf acht Stunden“ unterstreichen die motivierende Wirkung.

7.2 Hilfen beim Prozessdesign

Prozessdesign ist kreative Arbeit – suchen Sie also nicht nach Kochrezepten. Sollte der Kreativitätsmotor nicht sofort anspringen, dienen die folgenden Absätze als Starthilfe.

- Rückwärtsdesign: Input, Output, Ziele und kritische Erfolgsfaktoren

Sie kennen aus Ihrer Diagnose den erwarteten Output und die Qualitätsanforderungen. Welche Arbeiten sind nötig, um diesen Output zu erreichen? Rollen Sie den Prozess von hinten auf: Was kommt dabei heraus? Und wie erreiche ich das? Definieren Sie jetzt die Erfolgsfaktoren, von denen die Erreichung dieses Outputs abhängig ist. Die Verfügbarkeit von Hintergrundinformationen und Bestandsdaten ist beispielsweise ein solcher Erfolgsfaktor für die meisten Liefer- und Leistungsprozesse. Eine präzise Dokumentation von Kundendaten und Kundenhistorie ist ein ähnlicher Faktor. Stellen Sie danach die wertschöpfenden Tätigkeiten und solche Aufgaben zusammen, die zu den kritischen Erfolgsfaktoren führen. Damit erhalten Sie den kürzestmöglichen Prozess für den gewünschten Output.

- Kontrollvariablen und Reportparameter

Kontrollieren Sie, ob die kritischen Erfolgsfaktoren für den Prozess wirklich erreicht werden – so stellen Sie sicher, dass der Prozess sein Ziel erreicht. Bestimmen Sie die Messpunkte und Kontrollvariablen, mit denen Sie in der Ausführung die einzelnen Erfolgsfaktoren kontrollieren können. Zusammen mit den jeweiligen Maßeinheiten und Erhebungsmethoden erhalten Sie daraus die Reportparameter für den Prozess. Wie kann der Prozess diese Reportingdaten liefern, ohne dass die Beteiligten dadurch zusätzliche Arbeit leisten müssen?

- Informationsfluss

Anhand einer Input-Aktivität-Output-Matrix entwerfen Sie den Informationsfluss für den idealen Prozess. Stellen Sie sicher, dass keine Informationen redundant erhoben und möglichst viele Informationen als interner Input im Prozess weitergegeben werden. Eliminieren Sie überflüssige Informationen.

- Organisation

Die optimale organisatorische Zusammensetzung ermitteln Sie anhand der in der Diagnose gestellten Fragen: Welches Know-how ist für die einzelnen Tätigkeiten erforderlich, welche Instrumente werden benötigt, wo muss die Tätigkeit ausgeführt werden, welche Berechtigung ist erforderlich? Diese Fragen liefern die Rahmenbedingungen – innerhalb dieser Begrenzung fassen Sie so viele Tätigkeiten wie möglich zusammen, um Übergaben und Abteilungswechsel im Prozess zu vermindern.

7.2.1 Informationssysteme

Die gerade genannten Optimierungen sind nur möglich, wenn das Postulat „Information ist immer da, wo sie gebraucht wird“ realisiert ist. Entwerfen Sie einen Informationsablauf, der keine Medienbrüche enthält und die Informationen in einer zentralen Datenbank für alle Beteiligten bereithält. Ein Workflow-Management-System bietet dafür die ideale Grundlage.

„Vollkommenheit entsteht offensichtlich nicht dann, wenn man nichts mehr hinzuzufügen hat, sondern wenn man nichts mehr wegnehmen kann.“
(Antoine de Saint Exupéry)

Checkliste Rückwärtsdesign

- Erwarteter Output des Prozesses
- Voraussetzungen, die gegeben sein müssen
- Qualitätskriterien für den Output und die Voraussetzungen
- Welche Voraussetzungen sind kritisch?
  - Knappe Ressourcen
  - Qualitätsengpässe
- Welche Voraussetzungen sind banal?
  - Rein administrative Voraussetzungen

Idealer Ablauf: Wertschöpfung

- Stellen Sie die reinen Wertschöpfungsschritte dar.
- Welche Erfolgsfaktoren müssen in jedem Schritt gegeben sein?
  - Wie können wir diese Erfolgsfaktoren sicherstellen?
  - Welche zusätzlichen Arbeiten ergeben sich daraus?
  - Wie können wir die Erfolgsfaktoren messen/prüfen/beobachten?
- Erstellen Sie sich ein Cockpit aus den wichtigsten Erfolgsfaktoren und ihren Kontrollvariablen.

Idealer Ablauf: Übergaben

- Welche Personen, Orte, Geräte, Materialien müssen im Prozess eingebunden werden?
- Welche Übergaben sind daraus unbedingt notwendig?
- Wie kann der Ablauf mit Übergaben ohne Unterbrechung organisiert werden?
  - Ware in nicht definiertem Zustand

Idealer Ablauf: Informationen

- Welche Informationsträger sind im Prozess beteiligt?
- Wie kann ich alle Informationsträger in ein Medium zusammenführen?
- Wie kann ich dieses Medium allen Prozessbeteiligten zugänglich machen
- Sichere Dokumentation: Erstellung, Änderung, Freigabe, Speicherung, Zugriff

Dokumentation: Papier oder Daten

- Vermeiden Sie Transportwege von Papier.
- Umlaufakte: elektronisch
- Belege: dezentral archiviert, optisch gespeichert
- Workflow-Management:
  - Alle Informationen eines Vorgangs in einer Mappe
  - Veränderung der Information nur durch Befugte
  - Klarer Ablauf der Tätigkeiten und Informationen
  - Archivierung der abgeschlossenen Vorgänge
- Getrennte Archivierung der Papierbelege
  - Referenzierung in der elektronischen Akte

7.3 Design big, implement small

Der Prozess, den Sie auf diese Weise entwerfen, wird unter Umständen dem aktuellen Ablauf in solchem Maße zuwiderlaufen, dass Sie als unverbesserlicher Utopist belächelt werden.

Jetzt kommt die Stunde der Kostenargumentation. Stellen Sie aus der Diagnose zusammen, wie aufwendig der aktuelle Prozess in Wirklichkeit ist. Zeigen Sie auf, welche Kosten durch die aktuellen Verzögerungen und Fehlerquellen entstehen, und belegen Sie, wenn der Prozess zurzeit nicht kontrollierbar ist.

Rechnen Sie dann aus, wie teuer der Prozess nach Umstellung des Ablaufes noch sein wird, wie Sie die Durchlaufzeit und die Qualität kontrollieren können und in welchem Maße die Kundenzufriedenheit zunehmen wird.

Gegen diese Gewinne müssen Sie die Investitionen der Umstellung rechnen. Die größten Investitionen liegen in der Regel in der Schaffung der Informationsbasis.

Die Hindernisse liegen allerdings nicht nur auf dem finanziellen Gebiet. Häufig sind Informationssysteme vorhanden, die in den optimalen Ablauf nicht oder nur schwer zu integrieren sind. Ebenso ist die Personalbasis für den optimalen Prozess häufig nicht passend. Bei der Integration von Tätigkeiten werden administrative Funktionen überflüssig – die entsprechenden Personen können aber nur bedingt in die ausführenden Tätigkeiten nachwachsen.

Das dritte Hindernis jenseits von Euro und Cent ist die gewachsene organisatorische (hierarchische) Struktur des Unternehmens. Durch die Verschiebung von Aufgaben im Prozess kommt es zwangsläufig zu einer Neugewichtung der Verantwortungsbereiche von Abteilungen. Je größer diese Verschiebung durch den neuen Prozess wird (ggf. werden diese Effekte durch die Restrukturierung mehrerer Prozesse unterstützt), desto näher rückt die Notwendigkeit einer organisatorischen Umstrukturierung.

Diese Hindernisse führen dazu, dass der einmal entworfene ideale Prozess nicht ohne Weiteres in die Realität umzusetzen ist. Er ist dennoch unbedingt notwendig, denn jede Veränderung muss sich von jetzt an nicht mehr am aktuellen Prozess, sondern an ihrer Annäherung an den idealen Prozess messen lassen.

7.3.1 Change Management: Realisation von Prozessentwürfen

Die klassische Vorgehensweise zur Umsetzung von Systemänderungen scheint ihnen dabei Recht zu geben: Nach Analyse und Design wird ein Projekt in seine Komponenten zerlegt, die für sich genommen realisiert werden. Nach erfolgter Integration der Komponenten wird das System in Betrieb genommen, und der Nutzen stellt sich ein.

Das Modell geht davon aus, dass die zukünftige Entwicklung eines Prozesses mit Präzision vorhersagbar ist, dass die Designer eine vollständige Kenntnis aller Komponenten und ihrer Wechselbeziehungen haben, dass sich das Modell nicht ändern wird, Ressourcen in ausreichender Zahl zur Verfügung stehen und alle Beteiligten geduldig warten, bis sie den Nutzen des Projekts erhalten – kurz: Es setzt voraus, dass die Erde eine Scheibe ist.

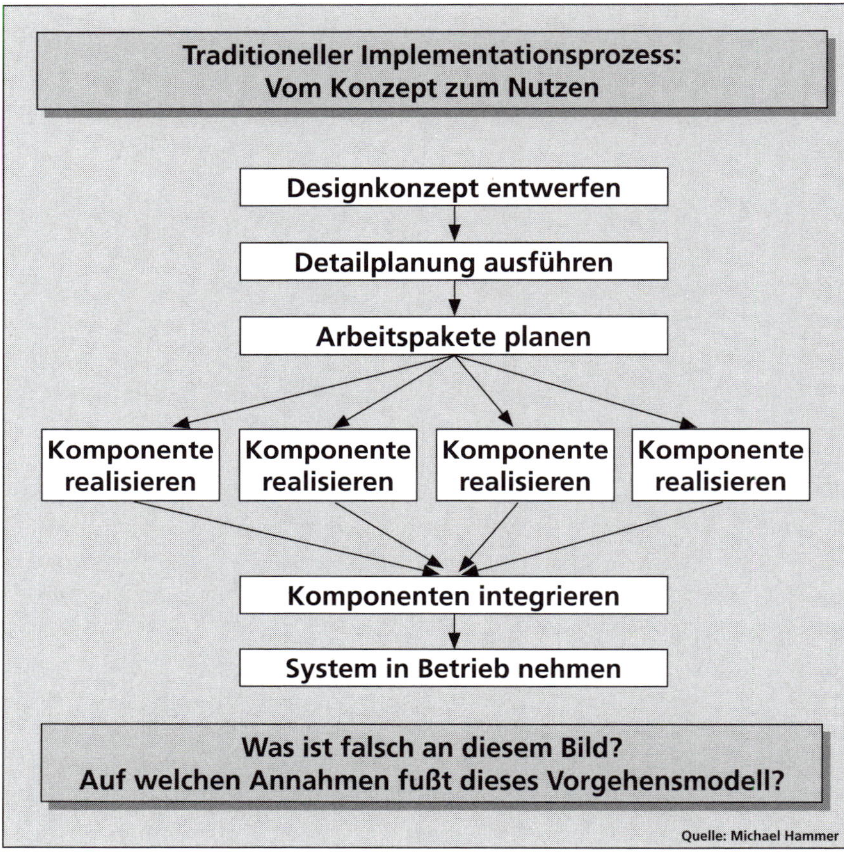

Abb. 7.1:Traditioneller Implementationsprozess

Der Erfolg liegt in der Realisation von **Stufenkonzepten**: Statt einer Auflösung des Projekts in mehrere unabhängige Teilprojekte gliedern wir das Projekt in mehrere Schritte, die – jeder für sich genommen – einen wesentlichen Nutzen bewirken. Ein solches Release ist ein in sich geschlossenes System von Prozessänderungen, das mit einem kalkulierbaren Aufwand in einem überschaubaren Zeitraum realisiert werden kann. Es führt in seiner Tendenz zu unserem angestrebten Prozessdesign, setzt diesen aber nicht auf einen Schlag um. Dieses Vorgehen bringt wesentliche Vorteile:

- Der Nutzen wartet nicht bis zum Ende.
- Wir sichern uns durch erste Erfolge die weitere Unterstützung der Organisation.
- Wir kontrollieren den Kostenaspekt des Projekts.
- Wir müssen nicht den vollständigen Verlauf des Projekts vorher kennen.
- Wir können auf Fehlentwicklungen flexibel reagieren.

Ein schlüssiges Stufenkonzept zur Realisation von Prozessveränderungen schafft die Möglichkeit zu einer umfassenden und grundlegenden Restrukturierung eines Prozesses – es entzieht den mächtigen Beharrungskräften einer Organisation ihre Wirkung.

7.3.2 Releasekonzept für Prozessänderungen

Jedes einzelne Release eines Prozesses durchläuft dabei drei Stadien der Realisation. Mit den Schritten Labor – Pilot – Rollout sichern wir auf der einen Seite die Möglichkeit zu innovativem Design von Prozessentwürfen, schaffen auf der anderen Seite die Sicherheit eines realistischen Umsetzungsszenarios.

- **Labor**

In der Laborphase arbeitet ein kleines Team von Prozessspezialisten und am Prozess beteiligten Fachleuten am Design des neuen Prozesses in der jeweiligen Releasestufe. Sie definieren die einzelnen Arbeitsschritte, Informationsabläufe, organisatorischen Zuständigkeiten und Systemanforderungen an die Infrastruktur. Anschließend testen sie diesen Ablauf in einer fiktiven Umgebung – eben unter Laborbedingungen. Ziel ist ein logisch geschlossener Ablauf, der alle Eventualitäten abdeckt und für alle Beteiligten einleuchtend ist. Output der Laborphase sind das Detaildesign des Prozesses im jeweiligen Releasestand, die Anforderungen an die Infrastruktur und das Personal sowie ein Schulungs- und Einführungskonzept.

- **Pilot**

In der Pilotphase wird das einzelne Release in einer begrenzten realen Umgebung eingesetzt. Hier zeigen sich noch verbliebene Fehler des Konzepts, treten Ausnahmefälle auf, die im Labor nicht bedacht wurden, und wird das Schulungs- und Einführungskonzept verbessert. Die Pilotphase dient außerdem dazu, in der Organisation Begeisterung für den neuen Prozess aufzubauen und die Unterstützung für den Rollout zu sichern.

- **Rollout**

Bis zum eigentlichen Rollout werden die Verbesserungen eingearbeitet, die während der Pilotphase gefunden wurden. Rechtzeitig vorher werden die Mitarbeiter auf den neuen Prozessablauf geschult (die Mitarbeiter der Pilotphase sind die optimalen Multiplikatoren). Ab dem Tag x wird der Prozess nur noch in der neuen Form ausgeführt.

7.3.3 Ansätze für Releasebildung

Das wichtigste Kriterium für die Schaffung von Releasekonzepten ist die Forderung, dass das Prozessdesign in jedem Release in sich geschlossen und stimmig ist. Der Prozess muss zu jedem Zeitpunkt vollständig korrekt funktionieren und er muss in jeder Stufe besser sein als in der vorausgegangenen Stufe.

Die einzelnen Arbeitsschritte der Releases können parallelisiert werden: Während Release 1 in der Pilotphase ist, kann ein Designteam bereits an Release 2 im Labor arbeiten. Ein einzelnes Release darf die kritische Dauer von 6 bis 9 Monaten bis zum Rollout nicht übersteigen – sonst wird die Organisation ungeduldig.

Die einfachsten und preiswertesten Änderungen stehen am Anfang, denn mit diesen Quick Wins sichern wir uns die Unterstützung für das gesamte Projekt. Ist der Nutzen der ersten Release realisiert, können die Realisierungszeiträume länger und die Kosten höher werden: Wir haben uns dann ein Kapital an Glaubwürdigkeit aufgebaut, von welchem wir zehren können.

Technologieintensive Änderungen kommen erst im letzten Schritt – sie setzen meistens umfangreiche organisatorische Veränderungen voraus, für die wir in den ersten Schritten die Grundlage legen können.

Gliederungskriterien für Stufenkonzepte können vielfältig sein und müssen je nach Prozess ausgewählt werden. So kann es sinnvoll sein, zunächst einzelne Teilprozesse herauszugreifen und diese zu verändern – solange der Gesamtprozess in jeder Stufe nicht nur funktioniert, sondern von einer Stufe zur nächsten besser wird.

Alternativ können wir Zwischenlösungen schaffen: zum Beispiel statt der Integration von sieben Tätigkeiten in der Hand eines Case Workers fassen wir zunächst alle beteiligten Fachleute in einem Case Team zusammen.

Eine dritte Herangehensweise besteht darin, zunächst eine grobe Prozessverbesserung einzuführen und technische Details in späteren Schritten auszuführen. In der Anwenderverwaltung der IT-Services wäre dieser Schritt die Systematisierung von Berechtigungsstrukturen und die Zusammenfassung von manuellen Tätigkeiten, bevor in einem späteren Schritt häufig wiederkehrende Aufgaben in einer Applikation automatisiert werden.

Ein weiteres Gliederungskriterium ist der Umfang von Veränderungen: Zunächst werden nur die Prozesse in einer Region, einem Kundensegment, einer Produktlinie verändert oder ein Katalog von „einfachen" Fällen aufgestellt, der im ersten Schritt nach dem neuen Verfahren bearbeitet wird. Später kommen sukzessive weitere Bereiche hinzu.

Die Strategie hierbei ist, die größten Hindernisse für den neuen Prozessentwurf zu identifizieren und die einzelnen Nutzenaspekte zu erkennen. Releases werden so konzipiert, dass das größte Hindernis am Ende der Entwicklung steht. Bis dahin hat der Erfolg der bereits umgesetzten Verbesserungen einen höheren Veränderungsdruck aufgebaut.

Fazit: Stufenkonzept

- Schaffen Sie Zwischenstufen der Ideallösung.
  - Jede Stufe ist besser als ihr Vorgänger.
  - Die Richtung ist am Anfang klar.
  - Die einfachsten Veränderungen zuerst („Quick Wins").
  - Technische Veränderungen später.

7.4 Die Herausforderung für das Veränderungsmanagement

Viele Strategien, viele neue, gute Konzepte scheitern, weil die Mitarbeiter im Unternehmen nicht mitmachen. Manager unterschätzen immer noch viel zu oft den „soften" Aspekt, der für erfolgreiche Veränderungen genauso wichtig ist, nämlich Führung, Kommunikation und Unternehmenskultur.

7.4.1 Warum scheitern Change-Projekte?

Die Gründe für das Scheitern eines Veränderungsprojekts sind vielfältig. Neben der mangelhaften Prozessteuerung (25 Prozent) und dem zu schnellen Tempo, mit dem die Veränderungen durchgezogen werden (20 Prozent), wurde in einer Umfrage des österreichischen Hernstein Management Instituts vor allem eines genannt: der Widerstand der Mitarbeiter. 30 Prozent der Manager sehen hier eine wichtige Ursache für das Scheitern von Change-Projekten. In fast allen Firmen haben Manager und Berater mit einer zunehmenden „Projektunlust" und Veränderungsmüdigkeit zu kämpfen. Denn die Häufigkeit der Veränderungsprojekte hat so zugenommen, dass nach dem Abschluss eines Projekts kaum noch die Zeit für eine Konsolidierungsphase bleibt.

Doch Veränderungsprozesse vollziehen sich zyklisch. Sie benötigen sowohl eine Auflockerungsphase, in der die Bereitschaft zum Wandel erzeugt wird, als auch eine Beruhigungsphase, die den vollzogenen Wandel stabilisiert. Doch diese Beruhigungsphase, in der das Neue zur Routine werden kann, gibt es kaum noch.

Das Erfolgserlebnis, diese Veränderung bewältigt zu haben, verpufft in hektischer Betriebsamkeit auf dem Weg zur nächsten Neuerung: „Fluktuierende Entscheidungen des Managements", schimpft deshalb ein Mitarbeiter eines großen Pharmaunternehmens bei einer unserer Prozessmanagement-Trainingsmaßnahmen. Was auf der Strecke bleibt, ist hier nicht nur die Energie, sich für ein neues Projekt zu engagieren, sondern vor allem die Glaubwürdigkeit von Managemententscheidungen.

Barrieren: Widerstand im Betrieb

Jede Veränderung hat mittelbar oder unmittelbar Auswirkungen auf die beteiligten Menschen. Dabei bestimmt das Ausmaß der Veränderungen die Heftigkeit ihrer emotionalen Reaktionen, sei sie positiv oder negativ, schreiben Dirk Dobiéy und John J. Wargin in ihrem Buch „Management of Change". Doch viele Manager gehen nur rational an Veränderungsprozesse heran: Sie führen ein neues IT-System ein, erklären, wie es bedient wird, und gehen dann davon aus, dass die Sache umgesetzt wird. Das funktioniert nicht. Häufig verändern Manager das Umfeld der Mitarbeiter und erwarten, dass sie den Wandel automatisch leben und dass dies dann positive Resultate bringt. Aber der Mitarbeiter muss das Neue wollen, es lernen und im Arbeitsalltag anwenden.

Fakt ist: Widerstand ist eine normale Begleiterscheinung von Veränderungsprozessen. Es gibt im Arbeitsleben kein Lernen und keine Veränderung ohne ihn. Spätestens wenn Sie in die Umsetzung Ihrer Optimierungsvorschläge gehen, werden Sie das spüren.

Wie kann diese innere Abwehrhaltung aussehen? Woran erkennen Sie Gegenwehr, wenn Sie damit konfrontiert werden? Wir wollen Ihnen Gedankenanstöße geben, Ihnen zeigen, was Widerstand ist, was ihn auslöst und welche Wege es gibt, ihn produktiv zu nutzen. Widerstand blockiert Energien. Wer es schafft, diese Blockaden aufzulösen, setzt Energien frei, die das Projekt vorantreiben werden. Wer Widerstände ignoriert, mit Ungeduld reagiert, gefährdet das Projekt, kann es sogar zum Scheitern bringen. Der konstruktive Umgang mit dem Widerstand Ihrer Mitarbeiter ist ein kritischer Erfolgsfaktor Ihres Prozessmanagementprojekts!

Das gefährlichste Hindernis liegt nicht im Widerstand der Betroffenen, sondern in der gestörten Wahrnehmung und in der Ungeduld der Planer und Entscheider.

Klaus Doppler, Christoph Lauterburg, in „Changemanagement. Den Unternehmenswandel gestalten".

Wieso stehen wir zunächst hilflos vor diesem Phänomen? Das hat mehrere Ursachen: Einmal sind die Symptome für Widerstand nicht leicht zu fassen und außerdem spielt sich das meiste auf der emotionalen Ebene ab, die wir nicht so ohne Weiteres erkennen und entschlüsseln können. Schließlich haben wir uns intensiv einem Thema gewidmet und nach allen uns zur Verfügung stehenden Informationen und nach langen Diskussionen und Überlegungen eine logisch nachvollziehbare, rationale Entscheidung gefällt. (Das ist das, was Manager üblicherweise tun [sollten].) Wir sind überzeugt von dem, was wir umsetzen wollen.

Wir haben im besten Fall die betroffenen Mitarbeiter über all die rationalen Argumente informiert, die uns zu der Veränderungsentscheidung gebracht haben. Dass diese Argumente scheinbar nicht fruchten, löst nun auch Verärgerung bei uns aus, Verletzung und gekränkte Eitelkeiten. („Hey! Erkennt gefälligst an, dass wir hier einen guten Job gemacht haben, und macht mit!") – Wieder Emotionen.

Die einzig zielführende Strategie, um solche Blockaden aufzulösen, ist die Analyse der Ursachen. Treten Sie, bildlich gesehen, einen Schritt zurück. Nehmen Sie Tempo raus, versuchen Sie nicht, mit Gewalt etwas durchsetzen – das funktioniert nicht. Nehmen Sie sich die Zeit für die versteckten Ursachen des Unwillens. Fragen Sie also: Wieso sträuben sich Mitarbeiter gegen Veränderungen?

Symptome

Woran merken Sie denn, dass Ihr Projekt auf (unterdrückten, leisen) Unmut stößt? Bedenken und Ängste werden ja nicht offen ausgesprochen. Alle rationalen Argumente pro & contra haben Sie in dem einen oder anderen

Workshop und diesem oder jenem Interview vielleicht schon ausdiskutiert. Dennoch „stimmt irgendwas“ nicht. Irgendwie läuft’s nicht. Wenn Sie genauer hinschauen, werden Sie einige der von Doppler und Lauterburg genannten Phänomene wieder erkennen, die typische Anzeichen für Widerstand sind:

Es „rollt“ nicht mehr. Die Arbeit ist mühsam. Sitzungen werden lustlos geführt. Entscheidungsprozesse geraten ins Stocken. In Sitzungen kommen typische Killerphrasen wie:

- „Das klingt ja ganz gut, aber in der Praxis funktioniert das ganz anders.“
- „Das hatten wir doch schon und damals hat das auch nicht geklappt.“
- „Dafür haben wir keine Zeit.“

Es wird geblödelt, endlos über Nebensächlichkeiten diskutiert, bagatellisiert – der „rote Faden“ geht verloren. Es entstehen peinliche Schweigepausen. Betretene Gesichter. Sonst engagierte Mitarbeiter sitzen still da. Es herrscht Ratlosigkeit. Auf klare Fragen erhält man unklare Antworten. Das eine oder andere erscheint vordergründig plausibel, aber vieles lässt sich auch bei genauem Zuhören nicht richtig „einordnen“.

Auf betrieblicher Ebene zeigen sich:

- hoher Krankenstand, Fehlzeiten und Fluktuation
- Unruhe, Intrigen, Gerüchte, Cliquenbildung
- Papierkrieg, sturer Formalismus, z. B. interner Verkehr per Memo mit ellenlangen Verteilern
- hoher Ausschuss, Pannen, Reibungsverluste

Das alles sind typische Indizien für Widerstand in Ihrem Betrieb: eine diffuse Problemlage – und die Schwierigkeit, das Problem konkret zu verorten. Diagnose: Sie haben Sand im Getriebe.

Was können wir Ihnen Ermutigendes für diese Arbeit mit auf den Weg geben?

Die gute Nachricht ist: Das ist alles völlig normal.

Widerstand müssen Sie nur dort erwarten, wo Menschen sehen, dass Veränderungen auch wirklich passieren. Es gibt keine Veränderungen ohne Widerstand. Treten keinerlei Widerstände auf, dann gehen Sie davon aus, dass niemand Ihnen die Realisierung Ihrer Vorschläge zutraut.

Wirklich beunruhigen sollte Sie also das Ausbleiben jedes Widerstandes.

Ursachen

Doppler und Lauterburg sehen drei mögliche Ursachen für Widerstand:

1. Die Betroffenen haben die Ziele, Hintergründe oder Motive einer Maßnahme nicht verstanden. (Das lässt sich mit zielgerichteter Kommunikation ja noch ganz gut in den Griff bekommen ...)
2. Die Betroffenen haben zwar verstanden, worum es geht, aber sie glauben Ihnen nicht, was Sie ihnen erklären und argumentieren. (Da ist es schon etwas schwieriger, Sie müssen überzeugen ...)
3. Die Betroffenen haben verstanden, worum es geht, glauben Ihnen auch, was Sie ihnen erklären, wollen oder können aber dennoch nicht mitgehen, da sie sich von der Maßnahme keine positiven Konsequenzen versprechen. (Hier wird's richtig kompliziert ...)

Wenn Sie mit dem letzten Punkt, der am häufigsten vorkommt, konfrontiert sind, dann wissen Sie: Der Widerstand hat emotionale Gründe. Die betroffenen Mitarbeiter haben Bedenken, Befürchtungen, Ängste, die erst mal ergründet werden wollen. Hier geht es nicht um „sachliche", überbetriebliche Überlegungen – weshalb Sie es sich auch sparen können, noch einmal gebetsmühlenhaft zu wiederholen, was Sie sich für positive Effekte für den Arbeitsprozess davon erhoffen. Oft können die Betroffenen Ihnen gar keine klare Erklärung geben, warum sie nicht mitgehen.

Eventuell haben die Betroffenen sehr konkrete Befürchtungen und Angst, jemanden zu verletzen oder in ein schiefes Licht zu geraten. Sie haben Angst, einer zukünftigen Aufgabe nicht gewachsen zu sein: eine neue Software oder Apparate nicht zu beherrschen oder lieb gewonnene Kollegen zu verlieren oder zukünftig mit nervigen, unbeliebten Kollegen zusammenarbeiten zu müssen. Sie sind in einem Loyalitätskonflikt. Sie fühlen sich unterschiedlichen Kollegen oder Teams verpflichtet und meinen, dass sie mit einer Verhaltensänderung die Loyalität gegenüber diesen kündigen.

Das sind konkrete Ängste, die Ihnen nicht so einfach mitgeteilt werden, wenn Sie offen danach fragen. Denn vielen ist es schlicht peinlich, diese Gründe zu nennen. (Schließlich sind es rational gesehen keine „guten" Gründe, mit denen die Betroffenen gegen Ihre ausgewogene und wohlüberlegte Entscheidung antreten können.)

Was hilft da weiter? Reden. Besser noch: zuhören. Jetzt sind Sie in der Pflicht und müssen Ihre Mitarbeiter abholen, wo diese stehen – eine Formulierung, die zur Floskel wurde, weil sie kaum einer wirklich umsetzt und ernst nimmt. Doch genau an diesem Punkt steht und fällt Ihr Projekt. Und nur ein ruhiges und ohne Ergebnisdruck geführtes Gespräch kann hier eine Vertrauensbasis schaffen. Ohne dieses Vertrauen werden Sie keinen der echten Gründe der Betroffenen zu hören bekommen.

Die Gefühle der Mitarbeiter müssen ernst genommen werden. Also: Nehmen Sie Druck weg. Geben Sie dem Widerstand Raum: Setzen Sie sich damit auseinander. Treten Sie in den Dialog, sprechen Sie die Mitarbeiter an. Fahren Sie Ihre Antennen aus. Und treffen Sie am Ende gemeinsame Absprachen.

Also: Fragen stellen, zuhören können, das ist jetzt erste Pflicht:

- Was ist dem Betroffenen besonders wichtig? Welches sind seine Interessen, Bedürfnisse, Anliegen? (Das können dann eben auch die netten Kollegen sein, von denen man sich nicht trennen will.)
- Was könnte passieren, wenn man wie geplant vorgehen würde?
- Was sollte aus Sicht der Betroffenen verhindert werden?
- Was für Alternativen sehen die Betroffenen selbst?
- Wie muss ihrer Ansicht nach vorgegangen werden, um das Problem zur Zufriedenheit aller Beteiligten zu lösen?

Solche Fragen führen Sie schrittweise zum eigentlichen Problem. Wo liegen typischerweise die Knackpunkte solcher diffusen Befürchtungen?

Geld: Gibt es direkte oder indirekte finanzielle Nachteile durch die neue Situation?
Sicherheit: Wird ein Wechsel des Arbeitsplatzes oder gar dessen Verlust befürchtet? Wo werden unkalkulierbare Risiken gesehen?
Kontakt: Drohen gute persönliche Beziehungen verloren zu gehen? Wird befürchtet, mit unangenehmen Menschen zusammenarbeiten zu müssen?
Anerkennung: Haben die Betroffenen Angst, in der neuen Arbeitssituation fachlich oder persönlich überfordert zu werden? Ist die neue Aufgabe im Haus mit einem schlechten Ruf behaftet?
Selbstständigkeit: Wird befürchtet, Entscheidungsbefugnisse und Handlungsspielräume zu verlieren? (Bestehen z. B. durch persönliche Beziehungen zurzeit Einflussmöglichkeiten, die sich in keinem Organigramm abzeichnen? Sie kennen ja Ihre Schatten- und Bypassprozesse ...)
Entwicklung: Wie sehen in Zukunft die Chancen aus für Karriere-Ambitionen und gewünschte Weiterentwicklung?

Wenn Sie hier Klarheit finden, wo die eigentlichen Ursachen für den Widerstand liegen, ist der Weg offen für das Aushandeln von Vorgehensweisen, die den Interessen der Betroffenen entgegenkommen, ohne die Ziele des Projekts zu gefährden.

Diese Analyse der Ursachen sollten Sie ganz klar als Chance verstehen. Denn die Mitarbeiter, die Sie zu sich ins Boot holen, stehen jetzt voll hinter Ihnen und Ihrem Projekt und werden Ihnen ihre ganze Kraft zu Verfügung stellen. Und wenn andere Mitarbeiter sehen, dass man sie ernst nimmt mit ihren Befürchtungen, werden Sie die ins Stocken geratenen Veränderungen wieder in Gang setzen können und immer mehr Mitarbeiter mitziehen.

Zum Schluss auch noch eine Bemerkung zu harten Konsequenzen bei soften Faktoren. Es wird Ihnen auch passieren, dass jede verständnisvolle Umgangsweise bei einigen sehr wenigen Blockierern nicht fruchtet. Jedes Argument wurde ausgetauscht – und es gibt dennoch keine Einigung. Es ist sehr wichtig, hier klar zu kommunizieren, dass es die Veränderungen auf jeden

Fall geben wird – mit allen Konsequenzen für diejenigen, die sich weiterhin und uneinsichtig sperren. Es muss für alle klar sein, dass das Prozessprojekt nicht aufzuhalten ist.

Welche Möglichkeiten haben Sie noch, Blockaden aufzubrechen?

- Coaching durch Externe (das gilt vor allem für die Prozessverantwortlichen und Führungskräfte)

Neue Aufgaben für die Mitarbeiter und Führungskräfte können motivieren – aber auch überfordern. Selten ist eine fachliche Überforderung das Problem, sondern das Fehlen von Führungskompetenzen. Ein externer Coach ist ein guter Begleiter, wenn es darum geht, Hindernisse aus dem Weg zu räumen und die „soften Faktoren" in Blockaden zu erkennen.

- Anreizsysteme

Hier müssen wir keinesfalls nur über Geld reden: Mehr Eigenverantwortung, Aufbau von Kompetenzen, Prestige sind oft wirksamere Anreize als Provisionen.

- Gemeinsame Grundlagen schaffen durch Ausbildung, Diskussion, Veröffentlichungen, Teambildung

Erfolgreiche Prozessprojekte werden immer von entsprechenden Schulungsmaßnahmen, Workshops etc. flankiert. Hier ist der Ort, sich auszutauschen, Ideen zu entwickeln und einzubringen – und konstruktiv Bedenken zu äußern und zu diskutieren.

- Die Flexibilität der Mitarbeiter in Schulungen und durch andere Maßnahmen entwickeln

Die Mitarbeiter müssen lernen, dass Veränderungen eine Chance für sie bedeuten, z. B. können Arbeitsplatzwechsel innerhalb des Unternehmens gefördert werden. Wir haben die Erfahrung gemacht, dass es in vielen Unternehmen als Unglück und Versagen betrachtet wird, wenn man die

Abteilung „wechseln muss". Brechen Sie solche Grundannahmen, die in der Unternehmenskultur verwurzelt sind, auf. Stellen Sie neue Regeln für die Personalentwicklung auf, z. B.: „Wer öfter die Abteilung gewechselt hat, hat bessere Aufstiegschancen."

- Bei der Einstellung neuer Mitarbeiter darauf achten, ob sie sich für neue Ideen aufgeschlossen zeigen

Achten Sie bei Neueinstellungen darauf, dass Ihr Unternehmen nicht nur fachlich von den neuen Mitarbeitern profitiert. Suchen Sie Mitarbeiter, die offen sind für Veränderungen und motiviert, eigene Ideen einzubringen.

- Irrtümer und Fehler akzeptieren

Last but not least: Die Mitarbeiter können sich nicht zu offenen, ideensprühenden, flexiblen Arbeitnehmern entwickeln, wenn das Unternehmen und seine Kultur sich nicht ebenfalls entsprechend verändert haben. Hier hapert es aber oft an ernsthaften Veränderungen. Aber ohne eine Kultur, die z. B. Fehler als notwendigen Schritt zum Lernen neuer Dinge ansieht, wird sich niemand trauen, Neues auszuprobieren. Niemand wird eigene Ideen offen formulieren, denn sie könnten ja auch nicht funktionieren. Wenn Sie wirklich offene, neugierige Mitarbeiter wünschen, dann darf Offenheit nicht bestraft werden.

7.4.2 Erfolgreiches Kommunikationsmanagement

Nicht immer ist der Widerstand diffus und „unbegründet" – viel Unmut und Unzufriedenheit entsteht, weil die Veränderungen nicht rechtzeitig, ehrlich und ausreichend kommuniziert werden. Projekte bringen Veränderungen in ein gewohntes Umfeld. Schaffen Sie rechtzeitig ein Klima, in dem Veränderungen nicht als Bedrohung angesehen werden, sondern als Chance. Alte Denkweisen, welche die Unternehmenskultur bisher geprägt haben, müssen durch neue ersetzt werden. Im Vorfeld Ihres Prozessmanagementprojekts nimmt deshalb die Planung der Gestaltung der Kommunikation eine zentrale Rolle ein. Erarbeiten Sie bereits im Rahmen der Projektvorbereitung einen Kommunikationsplan.

1. Bewusstseinsbildung und Mobilisierung der Kräfte

Am Anfang müssen Sie aufrütteln und zeigen, wie notwendig die Veränderungen sind. Hier werden wieder die Vorteile einer fundierten Diagnose deutlich – Sie haben die besten Argumente auf Ihrer Seite. Erklären Sie was, passiert, wenn nichts passiert. Erzeugen Sie eine Aufbruchstimmung!

Um auch im Management ein gemeinsamen Bewusstsein für die Wichtigkeit der Projektkommunikation zu erzeugen, eignet sich ein Kick-off-Meeting. Dort muss neben den harten Faktoren des Prozessprojekts auch die Kommunikation angesprochen werden. Denn für den Erfolg der Kommunikation ist es auch wichtig, dass einheitlich kommuniziert wird. Definieren Sie ein Leitbild, das die Kommunikationsziele sowie die allgemeinen Kommunikationsregeln beinhaltet.

Oft werden in dieser ersten Phase Mitarbeitern wichtige neue Aufgaben zugewiesen, bei denen sie sich bewähren müssen. Beauftragen Sie z. B. ein Team, Bewusstseinsbildung für die Veränderungen zu betreiben und die Mitarbeiter über zukünftige Wege und die grobe strategische Stoßrichtung zu informieren.

In unserem beschriebenen Trainingsprojekt in der Pharmaindustrie bildete das Unternehmen ein Core-Team aus Prozessverantwortlichen, die jeweils einen Geschäftsprozess mit den entsprechenden Mitarbeitern zu managen hatten. Diese Prozessverantwortlichen waren sowohl für die „harten" Faktoren ihres Prozessprojekts verantwortlich als auch für die „weichen" Faktoren.

Um diese Aufgabe zu meistern fehlte allerdings den meisten Mitarbeitern (die alle gestandene Techniker und Biologen waren) das Handwerkszeug. Deshalb wurden sie nicht nur entsprechend geschult, sondern jeder hatte während der heißen Prozessphase seinen eigenen (externen) Coach. Eine Investition, die sich auf jeden Fall lohnt. Denn der Coach ist als Externer neutral, kann Konflikte aufdecken und lösen helfen und ist auch mal Ventil für Frust, wenn das Projekt ins Stocken kommt.

2. Planung und Rollout der Prozessmanagementstrategie

In der zweiten Phase müssen Sie die strategische Stoßrichtung konkretisieren. Die Ergebnisse Ihrer Prozessdiagnose müssen in den Betrieb hineingetragen werden. Suchen Sie „Vorreiterabteilungen“, die aktiv bei der Umsetzung der Veränderungen mitwirken. Nach und nach werden auch andere Abteilungen und Teams – wie in einer Kaskade – eingebunden. Auch in unserem Pharmaunternehmen wurden mehrere Pilotteams aus Mitarbeitern gebildet, die in Prozessmanagementinstrumenten geschult wurden und selbstständig eigene Prozessprojekte bearbeiteten. So sollte eine Prozesswelle die nächste auslösen und nach und nach sollten alle Mitarbeiter mitgezogen werden.

Wo Veränderungen anstehen, gibt es immer Ängste und Blockaden. Hier hilft nur konsequent offenes Kommunikationsmanagement. Legen Sie also ein konkretes Ziel fest und erklären Sie dieses so früh wie möglich Ihren Mitarbeitern. Es gilt nicht nur der Gerüchteküche vorzubeugen, sondern vor allem innerhalb kurzer Zeit alle Mitarbeiter sachlich zu informieren und für das neue Projekt Verständnis zu wecken. Zeigen Sie dabei nicht nur, wie Ihre Vision aussieht, sondern auch, welchen Weg Sie dorthin nehmen wollen. Erklären Sie, warum die Veränderung durchgeführt wird, und lassen Sie die Mitarbeiter aktiv am Veränderungsgeschehen und an Veränderungsentscheidungen teilnehmen.

Einige Regeln zur Kommunikation mit den Mitarbeitern:

- Informieren Sie frühzeitig, die Mitarbeiter sollten die Neuigkeiten nicht aus der Presse erfahren, sondern die Erstinformierten sein.
- Informieren Sie umfassend, vermitteln Sie auch negative Nachrichten wie Arbeitsplatzverlust und Standortverlegung.
- Machen Sie auch deutlich, dass bestimmte Informationen noch nicht bzw. erst später kommuniziert werden können.
- Wählen Sie die Informationen so aus und formulieren Sie sie so, dass die Mitarbeiter damit auch etwas anfangen können.

Typische Fragen, die Mitarbeiter bei Veränderungsprozessen stellen, sind z. B. folgende:

- Welches sind die Gründe für die Veränderung?
- Welche Ziele werden damit verfolgt?
- Welche grundlegenden Veränderungen ergeben sich?
- Mit welchen Maßnahmen werden diese Veränderungen in der nächsten Zeit umgesetzt?
- Welche Auswirkungen hat das auf den einzelnen Arbeitsplatz?

Wichtig: Bleiben Sie stets ehrlich! Kommunizieren Sie Vor- und Nachteile.

Typische Instrumente für solche Informationen können sein:

- Aushang am schwarzen Brett
- Einrichtung eines Briefkastens für Fragen und Kritik
- Etablieren von Kommunikationsstrukturen, welche die Kommunikation von unten fördern und Feedbackschleifen haben
- Verantwortliche benennen, die für die Mitarbeiter sichtbar und ansprechbar sind
- Für tagesaktuelle und generelle Infos bieten sich das Intranet, Informationsforen und Betriebsversammlungen an.
- Im Zuge des Prozessmanagements hilft auch die Etablierung von Institutionen und Teams, Fachgruppen, wie wir sie beschrieben haben: Prozessprojektteams, Core-Teams und Ähnliches.

Wichtig sind dann auch Erfolgskontrollen nach Meilensteinen im Projekt:

- Wie weit sind wir bis jetzt gekommen?
- Welcher Schritt muss als Nächstes getan werden?
- Läuft etwas schief – und wenn ja, wo und warum?
- Wie können wir den Kritikern den Wind aus den Segeln nehmen, bevor sie zu Saboteuren werden?

3. Nachhaltige Umsetzung und „Einfilzen" der neuen Prozesse im Unternehmen

Neue Prozesse umsetzen und verändern muss zur Alltagsaufgabe aller Mitarbeiter im Unternehmen werden. Bis es zu einer solchen festen Verdrahtung kommt, muss das Management vor allem kommunizieren – so viel wie möglich und kontinuierlich, am besten mit jedem Mitarbeiter: in Zielgesprächen, bei Weiterbildungsveranstaltungen, in Besprechungen. Wichtig für das Einfilzen der Veränderungen sind die „Quick Wins" der ersten Veränderungsstufe. Die Mitarbeiter müssen sofort die Vorteile der neuen Prozesse erleben können. Hier zeigt sich dann, ob das Stufenkonzept und die neuen Prozesse funktionieren und gelebt werden – oder ob alte und neue Bypassprozesse an den Veränderungen vorbei entwickelt werden (auch ein typisches Symptom für Widerstand: das Ignorieren neuer Arbeitsabläufe, weil die „alten" doch viel besser laufen).

Fazit: Folgende Phasen sollte Ihr Prozessmanagementprojekt durchlaufen:

1. Ziele des Veränderungsprozesses klar definieren
2. Rollen und Funktionen der Beteiligten eindeutig festlegen
3. Offene Kommunikation: Informationen statt Spekulationen fördern
4. Betroffene Mitarbeiter zu Beteiligten an der Veränderung machen
5. Interne und externe Kompetenzen bündeln
6. Controlling der Meilensteine: Wie weit sind wir schon?
7. Bilanz ziehen: gesetzte Ziele und erreichte Ergebnisse vergleichen

Ausblick

Die größte Herausforderung der Prozessoptimierung ist die konsequente Umsetzung von Veränderungen in der Organisation. Die Methoden der Prozessanalyse und des Prozessdesigns schaffen eine Grundlage für einen optimierten Prozessablauf. Die Realisation ist eine Frage des Managements.

Die Beharrungskräfte einer Organisation sind enorm. Es bedarf eines Leidensdrucks, um ein ausreichend großes Veränderungsmoment aufzubauen, diese Kräfte zu überwinden. Dieses Veränderungsmoment kann nicht von außen in eine Organisation hineingetragen werden – externe Berater können nur methodische Anleitung geben und die Führungskräfte im Veränderungsprozess begleiten. Eine wesentliche Voraussetzung für die Realisation von nachhaltigen Optimierungen in Geschäftsprozessen ist der eindeutige Wille des obersten Managements, diese Prozesse umzukrempeln und die Veränderungen konsequent umzusetzen. Von außen aufgesetzte Motivatoren wie ISO-Zertifizierungen, Unternehmensfusionen oder SAP-Einführungen sind gegenüber den widerstrebenden Kräften der Beharrung allzu schwache Veränderungsimpulse.

Gefragt sind der klare Blick auf die Erwartungen der Kunden, das Knowhow-Potenzial der Mitarbeiter und die Produktivitätsreserven des Unternehmens. Mit einem starken Managementantrieb im Rücken führen Sie Ihr Unternehmen mit den Methoden und Konzepten dieses Buches zu einem erstklassigen Prozess:

Qualität rauf – Kosten runter.

Planspiel: Unternehmensübergreifende Optimierung von Prozessen

Die Story hinter dem Planspiel

Das Planspiel hat einen realen Hintergrund – inspiriert wurden wir von dem Fall Wal-Mart und Procter & Gamble, den der Reengineering-Guru Michael Hammer in seinem Buch „Business-Reengineering. Die Radikalkur für das Unternehmen" (S. 83ff.) vorstellt. Das Beispiel ist mittlerweile ein Klassiker in der Literatur und beschreibt die unternehmensübergreifende Optimierung eines Lieferprozesses. Das Produkt: Pampers-Windeln.

Pampers-Windeln brauchen im Vergleich zu ihrem Warenwert viel Lagerfläche. Wal-Mart hielt in seinen Distributionszentren Pampers-Bestände, aus denen die Bestellungen der Läden gedeckt wurden. Leerte sich der Bestand eines Distributionszentrums, bestellte Wal-Mart bei Procter & Gamble Windeln nach.

Probleme

Lagerbestände zu managen ist eine Gratwanderung. Hat man nicht genug auf Lager, verärgert man die Kunden und muss Umsatzeinbußen hinnehmen. Ist das Lager zu voll, fallen hohe Finanzierungs- und Lagerkosten an. Die Bestandsführung selbst kostet ebenfalls beträchtliche Summen.

Bestellprozesse zwischen Handel und Hersteller

Normalerweise laufen Bestellprozesse so ab: Die Einkäufer versuchen, möglichst große Mengen zu kaufen, um Mengen-Konditionsvorteile zu erzielen, an denen sie gemessen werden. Häufig werden diese Einsparungen jedoch durch erhöhte Kosten in der Prozesskette, z. B. durch teure Lagerhaltung, wieder kompensiert. Hinzu kommt die mangelnde Abstimmung in der Handelskette zwischen Einkauf und Verkauf, um konsumentengerechte Produkte in die Regale des Handels zu bringen. Folge: Auf allen Stufen der Prozesskette fehlen wichtige Informationen, z. B. weiß die Zentrale nicht, welche Produkte die Kunden zusammen einkaufen, oder erfährt zu spät, wie ein neuer Preis akzeptiert wird. Das führt zu großen Schwankungen im Absatzkanal und in der Folge wiederum zu überhöhten Lagerbeständen bzw. zu leeren Regalen und damit enttäuschten Kunden. Für den Hersteller sind damit große Unsicherheiten in der Produktionsplanung verbunden.

Verschärft wird die Problematik im heutigen Markt durch vielfältige Aktivitäten wie Promotions oder Sonderrabatte auf der einen Seite und limitierte Verkaufsflächen auf der anderen Seite. Das führt zu einem hohen Abverkaufsdruck, der lediglich über reduzierte Preise und damit höhere Nachfrage abgebaut werden kann. Die Folge sind ständig sinkende Aktionspreise und ein Margenverfall für Industrie und Handel. Die Handelsunternehmen reagieren darauf mit neuen Konzepten, die Zauberworte heißen z. B. „Collaborative Planning, Forecasting and Replenishment" („CPFR") bzw. „Efficient Consumer Response" („ECR"). Beides (CPFR, ECR) sind heute die bestimmenden Themen in der Konsumgüterwirtschaft – die Grundidee ist dabei die Verbesserung der Geschäftsprozesse zwischen Handel und Hersteller – womit wir wieder bei Wal-Mart, Procter & Gamble und den Pampers-Windeln wären.

Anfang der 1980er-Jahre stand Wal-Mart vor ähnlichen Problemen. Wal-Mart hatte die Erfahrung gemacht, dass Pampers für die Verbraucher eine enorm hohe Bedeutung haben. Familien machen ihre Einkäufe dort, wo sie zuverlässig ihre Kinderwindeln bekommen. Ziel von Wal-Mart musste es deshalb sein, für seine Kunden immer genug Pampers in den Regalen zu haben und ein verlässlicher Windel-Lieferant für die Eltern zu sein, die sonst in andere Supermärkte gehen würden. Bei Wal-Mart kam es dennoch immer wieder zu Bestandslücken – was die Kunden ärgerte – oder aber zu hohen und teuren Lagerbeständen.

Das Spiel

Diese Ausgangslage von Wal-Mart haben wir in einem Spiel mit vier Handelsketten simuliert. Diese Handelsketten konkurrieren miteinander darum, möglichst viele Bauklötzchen zu verkaufen. (Es können natürlich auch Streichhölzer oder sonstige Spielsteine sein.) Jede der Handelsketten, nennen wir sie A-Kauf, B-Markt, C-Platz und D-Shop, hat jeweils eine Filiale in den Regionen Nord, Süd, Ost und West. Diese müssen zuverlässig mit Bauklötzen beliefert werden, zu möglichst günstigen Preisen. In jeder Region konkurrieren die vier Ketten miteinander um die Kunden und die besten Preise. In der Region Süd beispielsweise die Filialen A-Kauf Süd, B-Markt Süd, C-Platz Süd und D -Shop Süd.

Wie sehen die Spielregeln aus?

Bevor wir weiter unten etwas mehr ins Detail gehen und die Spielregeln zum Herauskopieren zusammenfassen, hier die Grundzüge des Spiels:

In jeder Region spielen vier Filialen gegeneinander, jede der vier Regionen hat einen eigenen Spieltisch. Die Zentralen müssen in erster Linie für (günstigen) Nachschub sorgen und vom Hersteller Klötzchen bestellen. Alle Zentralen sitzen gemeinsam an einem Tisch.

In jeder Runde entscheiden die Würfel über den Umsatz, die Region würfelt für jeden Wochentag (Montag bis Freitag) einmal, also pro Woche fünf Mal.

Um den Anfangspreis zu bestimmen, mischt jeder Filialleiter seine Preiskarten zwischen 3,99 und 5,99 und zieht blind aus diesen drei Karten. Die gezogene Karte ist der aktuelle Preis und wird offen ausgelegt.

Jetzt werden die Läden geöffnet. Die Bauklotz-Saison hat begonnen: Der Verkauf wird für jeden Tag neu bestimmt. Ein Teilnehmer würfelt mit drei Würfeln und ermittelt den Gesamtumsatz des Spieltisches (zwischen 3 und 18 Bauklötzen). Ob beim Würfeln der Älteste beginnt oder der Jüngste, sei Ihnen überlassen. Dieser Umsatz wird unter den Wettbewerbern wie folgt verteilt:

- Der billigste Wettbewerber verkauft zunächst zwei Bauklötze.
- Danach verkauft der zweitbilligste einen Bauklotz.
- Haben zwei Teilnehmer den gleichen günstigsten Preis, ist derjenige der Billigste, der am Vortag den größten Umsatz hatte. Am ersten Spieltag muss das Stechen durch Würfeln ermittelt werden. Gleiches gilt, wenn zwei Teilnehmer die Zweitbilligsten sind.

- Nun verkaufen alle Teilnehmer im Uhrzeigersinn jeweils einen Bauklotz, bis der Gesamtumsatz des Tisches erreicht ist. Der Billigste beginnt.
- Verkaufte Bauklötze werden in den Eimer/Einkaufskorb in der Tischmitte gelegt.
- Jeder Filialleiter trägt die Verkaufsmenge des Tages und den neuen Lagerbestand in seine Tabelle ein.

Wird beispielsweise eine 12 gewürfelt, verkaufen die vier Filialen insgesamt 12 Bauklötzchen an diesem Tag. Wer wie viel verkauft, hängt von der Höhe des Preises ab. Bei Filialleiter A-Kauf Nord kosten die Klötze beispielsweise 3,99 – damit ist er an diesem Tisch der günstigste und verkauft gleich 2 Klötzchen. B-Markt hat einen Preis von 6,99 und ist am teuersten und muss zunächst warten, genauso D-Shop mit 5,99. C-Platz ist mit 4,99 der Zweitbilligste und verkauft einen Klotz. 3 von 12 Klötzen sind verkauft, der Rest wird der Reihe nach, beginnend mit A-Kauf als günstigster Anbieter, 1-Klötzchenweise verkauft. An diesem Tag hat am Ende A-Kauf 5 Klötzchen verkauft, B-Markt 2, C-Platz 3 und D-Shop 2.

Die Klötzchen werden, wenn sie verkauft sind, in die Mitte in einen Einkaufskorb gelegt.

Anschließend beginnt der nächste Verkaufstag.

Kunden vergraulen: Wenn ein Filialleiter den auf ihn entfallenden Umsatz an einem Tag aus dem Lager nicht bedienen kann, sind die Kunden verstimmt. Zur Strafe steigt der Preis in dieser Filiale um zwei Stufen. Kann an den folgenden Tagen wieder nicht geliefert werden, steigt er jeden Tag um eine weitere Stufe. Die neue Preisstufe wird für den nächsten Tag in die Verkaufstabelle eingetragen und die neue Preiskarte vor sich ausgelegt.

Bauklötze nachbestellen: An jedem Freitag – also nach der fünften Würfelrunde – können die Filialleiter bei ihrer Zentrale Klötze nachbestellen, diese werden bis Montagmorgen geliefert (also bis zur nächsten Wochenrunde). Bestellungen sind in Sechserschritten möglich – bestellen die Filialleiter nur 6 Bauklötze, steigt ihr Preis um eine Stufe, bestellen sie 12 Klötze, bleibt er gleich, bestellen sie 18 Klötze, sinkt der Preis um eine Stufe. Die Lagerkapazität der Filialen ist auf 21 Klötze beschränkt.

Anschließend tragen die Filialleiter ihre Bestellmenge, die gelieferte Menge, den neuen Lagerbestand und den neuen Preis in der Verkaufstabelle ein. Bevor die Läden Montag geöffnet werden, also die nächste Würfelrunde beginnt, legen alle Filialleiter die neue Preiskarte vor sich aus.

Zentrale Preisänderungen: Auch das Zentrallager kann Bauklötze in größeren Mengen zu günstigeren Preisen beziehen. Dadurch schwankt auch der Preis. Die Filialleiter erhalten mit den Lieferungen aus der Zentrale Preismitteilungen, wenn sie ihren Preis um eine Stufe anheben oder senken müssen. Diese Preisänderungen kommen zu den Preisänderungen der Filialen hinzu. Hat ein Filialist z. B. Freitagabend einen Preis von 4,99 für seine Bauklötze und kann aus Kapazitätsgründen nur 6 neue Klötze hinzukaufen, so verteuert sich sein Klötzchenpreis für den Montag um 1 Euro. Der neue Preis ist 5,99. Konnte seine Zentrale selbst nicht günstig einkaufen und gibt eine Verteuerung um 1 Euro weiter, ist der Preis am Montag früh sogar 6,99. Die neue Preisstufe wird in die Verkaufstabelle eingetragen und die entsprechende Preiskarte offen ausgelegt.

Die Zentralen haben etwas weniger zu tun, sind aber nicht minder wichtig. Sie müssen als Einkäufer und Lagerverwalter für das Handelsunternehmen den vier Filialen des Unternehmens in den Regionen Nord, Ost, Süd, West entsprechend ihren Bestellungen Bauklötze liefern und ihnen eventuelle zentrale Preisänderungen mitteilen. Sie müssen den Nachschub gewährleisten und versuchen, so günstig wie möglich einzukaufen.

Außerdem kaufen die Zentralen beim Hersteller Bauklötze für das eigene Lager nach. Sie können an jedem Donnerstag Bauklötze bestellen, die bis zum Freitagmorgen geliefert werden. Dazu muss jede Zentrale zum Hersteller gehen und ihren Bedarf melden und die gewünschte Anzahl von Bauklötzen entgegennehmen. (Als Hersteller fungieren die Spiel-Assistenten, die an den Tischen am Ende der Wochenrunde und zwischendurch Klötzchen einsammeln und mit Einkaufskörbchen zu den Zentralen gehen, damit diese am Donnerstag nachkaufen können. Dieses Recycling hat rein praktische Gründe – schließlich möchten wir nicht mehrere 1000 Bauklötze für das Spiel kaufen.) Die Lieferung und der neue Lagerbestand wird dann in die Lagerliste eingetragen. Der Verkaufspreis der Filialen hängt unter anderem von den Einkaufsmengen beim Hersteller ab:

- Wenn die Zentrale 12 Bauklötze bestellt, kauft sie teuer ein und alle ihre Filialen müssen mit hohen Preisen am Markt verkaufen: Alle Filialen müssen den Preis um 1 Euro anheben.
- Kauft die Zentrale 24 Bauklötze beim Lieferanten, bleibt der Filialpreis bestehen.
- Kauft die Zentrale 36 Bauklötze, fällt der Preis um 1 Euro.
- Kauft die Zentrale 48 oder 60 Klötze, sinkt der Preis um 2 Euro.

Der neue Preis gilt ab der nächsten Woche für alle Filialen und muss diesen am Freitag bei deren Bestellung mitgeteilt werden.

Die Lagerkapazitäten der Zentrale sind allerdings begrenzt: Es können höchstens 60 Bauklötze auf Lager sein. Jeden Freitag melden die vier Filialen ihren Bedarf – und kommen an die „Theke“ der Zentrale. Die Zentrale gibt jedem Mitspieler in der Reihenfolge ihrer Bestellung die gewünschte Anzahl Bauklötze.

Die Herausforderung ist, gute Preise weitergeben zu können, da nur ein guter Preis gewährleistet, dass die Filiale viel verkaufen kann. Gleichzeitig will die Zentrale möglichst alle Bestellungen auch ausliefern können.

Was passiert während des Spiels?

Mit dem Planspiel werden durch vereinfachte Marktprozesse in drei bis vier Wochenrunden immer wieder Liefermängel und unzufriedene Kunden erzeugt. Es kommt vor, dass eine Filiale hart bestraft wird, da sie einen Kunden nicht beliefern konnte. Die Zentrale wiederum tappt im Dunkeln, ob ihre Filialen diese Woche gut verkauft haben, denn die Bestellungen trudeln erst am Freitag nach und nach ein, wenn die Filialen frisch einkaufen. Jeder für sich versucht nach bestem Wissen, seinen eigenen Absatz zu optimieren. Zum logistischen Infarkt kommt es, weil die beteiligten Parteien – Filialen, Zentralen und Hersteller – keinen Blick auf den ganzen Lieferprozess haben und jede wie mit Scheuklappen vor ihrem Optimierungsproblem sitzt.

Neue Regeln

Wenn Sie merken, dass alle Filialen und Zentralen ordentlich ins Schwitzen gekommen sind, unterbrechen Sie kurz das Spiel und ergänzen die Spielregeln. Meist wird das nach der dritten oder vierten Wochenrunde der Fall sein. Es gibt jetzt vor der Bestellung beim Hersteller eine kurze Dienstbesprechung zwischen Filialen und Zentrale. Jeden Donnerstagabend wird in ca. drei bis vier Minuten die Bestellstrategie der Handelskette besprochen. Die Spieler bemerken erst jetzt, dass sie zu einem Team gehören. Es entsteht ein übergreifender Prozess der Lieferkette. Die Mitarbeiter entwickeln selbst eine Lösung – und optimieren den Informationsfluss im Prozess.

(Mit diesen neuen Spielregeln können Sie noch ca. zwei oder drei Runden spielen. Anschließend können Sie die verkauften Mengen aller Handelsketten miteinander vergleichen und einen „Gewinner" ausrufen.)

Was hat Wal-Mart gemacht?

„The way we do things is way too complicated. You should automatically send me Pampers, and I should send you a check once a month. We ought to get rid of all this negotiation and invoicing." Sam Walton, CIO Wal-Mart, beim ersten Meeting zwischen Wal-Mart und Procter & Gamble. („Wir gehen die Dinge zu kompliziert an. Sie sollten mir automatisch Pampers liefern und ich Ihnen einmal im Monat einen Scheck senden. Wir sollten all diese Verhandlungen und Rechnungsstellungen loswerden.")

Wal-Mart wandte sich also an Procter & Gamble. Der Pampers-Hersteller wusste vermutlich mehr über den Lagerumschlag von Windeln als Wal-Mart, schließlich besaß Procter & Gamble Informationen über Verbrauchsmuster und Nachbestellungen von Einzelhändlern aus dem ganzen Land.

Die Supermarktkette schlug Procter & Gamble vor, das Unternehmen sollte selbst mitteilen, wann welches Distributionszentrum Pampers in welcher Menge nachbestellen soll. Jeden Tag würde Wal-Mart den Pampers-Hersteller über die Mengen informieren, die von den Distributionszentren an die Läden ausgeliefert worden waren. Wenn es Procter & Gamble dann für sinnvoll hielt, sollte es Wal-Mart informieren, dass der Zeitpunkt für eine Nachbestellung gekommen sei, und eine entsprechende Bestellmenge angeben. Wal-Mart würde dann die Bestellung prüfen und Procter & Gamble könnte die Ware liefern.

Das funktionierte so gut, dass die beiden Unternehmen noch einen Schritt weiter gingen. Jetzt sollte Procter & Gamble gar keine Empfehlungen mehr geben, sondern einfach die Menge liefern, die der Hersteller als notwendig erachtete. Die Informationen liefen über ein spezielles Computerprogramm, das es Procter & Gamble ermöglichte, ständig Zugriff auf die Inventarinformationen von Wal-Mart zu nehmen.

Mit anderen Worten: Wal-Mart übertrug dem Lieferanten die Verantwortung für die Aufstockung der Lagerbestände.

Zwei wesentliche Gestaltungsansätze hat dieser neue Prozess:

1. Die Orientierung an den Bedürfnissen der Konsumenten: Es wird täglich beobachtet und reagiert, wie viel von den Verbrauchern gekauft wurde.
2. Eine prozessorientierte Optimierung der Wertschöpfungskette. Das Besondere an diesem Fall war, dass es sich um keinen intra-, sondern um einen interorganisationalen Prozess handelte.

Diese interorganisationale Prozesskette, die in den 80er-Jahren zwischen den beiden Unternehmen getestet wurde, war die Mutter der „Collaborative Business Processes“ und des „Continuous Replenishment“: das automatische und kontinuierliche Nachfüllen der Läger der Verkäufer durch die Hersteller. Die Wertschöpfungspartnerschaft von Wal-Mart und Procter & Gamble gilt heute als Benchmark einer Netzwerkorganisation im Konsumgüterbereich.

Die Versorgungskette „gestern“ – „Sell what you buy“

Ziele: Kurzfristigkeit, Umsatz, Konditionen

Die neue Strategie – „Buy what you sell“
Ziele: Langfristigkeit, Rentabilität, Wertschöpfung

Vorteile und Folgen

Für die Verbraucher:

- besseres und konstanteres Preis-Leistungs-Verhältnis, größeres Preisvertrauen
- höhere Einkaufszufriedenheit durch weniger Bestandslücken
- einfacheres Einkaufen
- höhere Kundenzufriedenheit

Für Wal-Mart:

- Wal-Mart entstehen keine Kosten mehr für die Verwaltung der Pampersbestände, diese werden jetzt von Procter & Gamble verwaltet.
- Auch das Management der Bestände ist effizienter geworden, da Procter & Gamble diese Arbeit wesentlich besser erledigen kann.
- Daher ist der Warenbestand des Einzelhandelsunternehmens zurückgegangen und Bestandslücken treten seltener auf.
- Durch die niedrigeren Lagerbestände werden in Wal-Marts Distributionszentren Flächen frei und es ist weniger Betriebskapital in der Finanzierung von Lagerbeständen gebunden.

Das Spiel

Was Sie als Spielleiter benötigen:
Wir haben das Spiel bisher immer mit 4 Handelsketten und ihren 16 Filialen gespielt. Dabei können 20 Mitarbeiter am Planspiel teilnehmen. Bei mehr oder weniger Mitspielern ändern Sie einfach die entsprechende Menge an Bauklötzen etc. Für die genannte Spielerzahl benötigen Sie:

- 2 bis 3 Spiel-Assistenten, die Ihnen bei der Durchführung helfen
- 20 Mitspieler
- ca. 600 Bauklötze oder andere handliche Spielsteinchen
- 12 Spielwürfel
- 16 Mal die Spielregeln „Filiale“ für jeden Filialleiter
- 4 Mal die Spielregeln „Zentrale“ für die Zentralen

- 16 Mal die 9 Preiskarten (von 1,99 Euro bis 9,99 Euro) für jeden der 16 Filialleiter
- Einkaufskörbe für die Assistenten, um die Bauklötze bzw. Spielsteine einzusammeln und neu an die Zentralen zu verteilen.
- 20 Stifte

Sie finden ab Seite 206 die Kopiervorlagen für die Spielregeln „Filiale" und „Zentrale". Zur besseren Unterscheidung können Sie die Regeln auf unterschiedlich farbiges Papier kopieren – für jede Handelskette eine Farbe, sodass an jedem Tisch jeder Fililalleiter ein Regelblatt und seine Preiskarten in einer Farbe vor sich liegen hat.

Spieldauer: ca. 60 Minuten + anschließende Diskussionsrunde
Vorbereitung: Nehmen Sie sich als Spieleleiter gut eine Stunde Zeit für die logistische Vorbereitung direkt vor dem Spiel:

Bereiten Sie vier Tische für vier Regionen vor. Die Tische sollten Platz genug bieten, damit vier Personen dort ihre kleinen Spielsteinlager bequem verwalten können. Auf jedem Tisch gibt es:

- 3 Spielwürfel
- in der Mitte des Tisches einen Einkaufskorb für die an die Kunden verkauften Spielsteine
- 4 Mal die Spielregeln „Filialen" für den Tisch
- Für die vier Filialleiter legen Sie jeweils eine Einstiegsmenge Spielsteine für jede Filiale zum Verkauf (Einstiegsmenge = 18) an den Platz.
- die Preisschilder für jede Filiale (von 1,99 Euro bis 9,99 Euro)
- Verkaufs- und Lagerlisten für jeden Filialleiter
- Stifte

Bereiten Sie einen weiteren Tisch für vier Zentralen vor. Dieser sollte wie eine Theke aufgebaut werden. Auf diesem befinden sich:

- 4 Mal Spielregeln „Zentrale"
- Für die 4 Zentralen legen Sie jeweils eine Einstiegsmenge Spielsteine für die Bestellungen der Filialen an den Platz (Einstiegsmenge = 20).

- Lagerlisten für jede Zentrale
- 4 Stifte

Einstieg
Setzen Sie an die 4 Regionen-Tische je 4 Mitspieler.
Setzen Sie 4 Mitspieler an den Tisch für die Zentralen.
Die Mitspieler sollten zufällig „verteilt" werden, sie werden anschließend über die Regeln am Tisch informiert und über die Einkaufsmöglichkeiten in der Zentrale.

Erklären Sie allen Mitspielern das Ziel der Filialen: möglichst viele Bausteine zu verkaufen, möglichst billig zu bleiben, um viel verkaufen zu können. Die Zentralen müssen für günstigen Nachschub sorgen.

Lassen Sie den Mitspielern Zeit, sich die Regeln noch einmal im Detail durchzulesen, und spielen Sie eine Proberunde – haben alle die Regeln verstanden? Dann geht's weiter.

Nach dem Spiel
Nach dem Spiel folgt eine Diskussionsrunde. Wie Sie diese gestalten, ist offen. Wir haben ein Blitzlicht gemacht: Was haben die Spieler mitgenommen, was war mit den neuen Spielregeln anders/besser? In unserer Praxis war der Aha-Effekt immer ganz entscheidend: zu sehen, dass andere Mitspieler ebenfalls am Gelingen meines Prozesses beteiligt sind. Ein Teilnehmer sprach von „Blickwinkel-Implosion" – und das genau passiert: Der Blick von oben auf den ganzen Prozess und seine Bestandteile ist ein Augenöffner.

Was lernen die Mitarbeiter?

- Dass sie als ein Teil eines Prozesses funktionieren.
- „Was ich tue, hat Einfluss auf die Wertschöpfung des ganzen Prozesses."
- Der Prozess funktioniert nur dann optimal, wenn alle Prozessteilnehmer voneinander wissen.
- Ein Prozess funktioniert gut, wenn Informationen schnell und ohne Schnittstellen durch den ganzen Prozess geleitet werden.

Anschließend haben wir den Fall Wal-Mart und Procter & Gamble skizziert – und die Parallelen zum Planspiel gezeigt.

Das Spiel eignet sich gut als Vorbereitung auf Prozessmanagement-Workshops und Qualifizierungen zum Thema Prozessmanagement, Kommunikation und Teamwork.

Viel Spaß beim Spielen!

Regeln
Unternehmensplanspiel Logistik-Kette
Regeln für die Zentralen

Sie sind Einkäufer und Lagerverwalter für das Handelsunternehmen

....

Ihre Aufgabe ist, den Filialen Ihres Unternehmens in den Regionen Nord, Ost, Süd, West entsprechend ihren Bestellungen Bauklötze zu liefern und ihnen eventuelle zentrale Preisänderungen mitzuteilen. Außerdem kaufen Sie beim Hersteller Bauklötze für Ihr Lager nach. Sie können an jedem Donnerstag Bauklötze bestellen, die bis zum Freitagmorgen geliefert werden. Der Verkaufspreis Ihrer Filialen hängt unter anderem von Ihren Einkaufsmengen beim Hersteller ab:

- Wenn Sie 12 Bauklötze bestellen, kaufen Sie teuer ein und alle Ihre Filialen müssen mit hohen Preisen am Markt verkaufen: Ihre Filialen müssen den Preis um 1 Euro anheben.
- Kaufen Sie 24 Bauklötze beim Lieferanten, bleibt der Filialpreis bestehen.
- Kaufen Sie 36 Bauklötze, fällt der Preis um 1 Euro.
- Kaufen Sie 48 oder 60 Klötze, sinkt der Preis um 2 Euro.

Der neue Preis gilt ab der nächsten Woche für alle Filialen. Teilen Sie Ihren Filialen die Änderung mit.

Ihre Lagerkapazität ist allerdings begrenzt: Sie können **höchstens 60 Bauklötze** auf Lager haben.

So liefern Sie Bauklötze: Ihre vier Filialen melden jeden Freitag ihren Bedarf. Sie geben jedem Mitspieler die gewünschte Anzahl Bauklötze.

So bestellen Sie Bauklötze: Gehen Sie zum Hersteller, melden Sie Ihren Bedarf und nehmen Sie die gewünschte Anzahl entgegen. Tragen Sie die Lieferung und den neuen Lagerbestand in Ihre Lagerliste ein.

Unternehmensplanspiel Logistikkette
Regeln für die Filialen

Sie sind Filialleiter eines zentral organisierten Handelsunternehmens

....

und leiten die Filiale

....

dieses Unternehmens.

Ihre Aufgabe

Verkaufen Sie Bauklötze in der Region .... und bestellen Sie rechtzeitig Nachschub bei Ihrer Zentrale. Sie verkaufen von Montag bis Freitag und bestellen am Freitag neue Bauklötze. Die Menge Ihres Verkaufs hängt vom Würfelglück des Tisches und von Ihrem Preis ab. Ihr Preis wird durch Ihre Lagerhaltung und die Ihrer Zentrale bestimmt.

1. **Bestimmen Sie Ihren Anfangspreis:** Mischen Sie aus Ihren Preisauszeichnungen die Karten für die Preisstufen 3,99 bis 5,99 und ziehen Sie blind eine Karte heraus. Legen Sie diese Karte vor sich aus, dies ist Ihr aktueller Preis.
2. **Bauklötze verkaufen:** Der Verkauf der einzelnen Wettbewerber an Ihrem Tisch wird für jeden Tag neu bestimmt. Ein Teilnehmer würfelt mit drei Würfeln und ermittelt den Gesamtumsatz Ihres Spieltisches

(zwischen 3 und 18 Bauklötzen). Dieser Umsatz wird unter den Wettbewerbern wie folgt verteilt:

- Der billigste Wettbewerber verkauft zunächst zwei Bauklötze.
- Danach verkauft der zweitbilligste einen Bauklotz.
- Haben zwei Teilnehmer den gleichen günstigsten Preis, ist derjenige der Billigste, der am Vortag den größten Umsatz hatte. Am ersten Spieltag muss das Stechen durch Würfeln ermittelt werden. (Gleiches gilt, wenn zwei Teilnehmer die Zweitbilligsten sind.)
- Nun verkaufen alle Teilnehmer im Uhrzeigersinn jeweils einen Bauklotz, bis der Gesamtumsatz des Tisches erreicht ist. Der Billigste beginnt. Verkaufte Bauklötze werden in den Eimer in der Tischmitte gelegt.
- In Ihrer Verkaufstabelle tragen Sie die Verkaufsmenge des Tages und Ihren neuen Lagerbestand ein.

3. **Bauklötze nachbestellen:** An jedem Freitag können Sie bei Ihrer Zentrale Klötze nachbestellen, diese werden bis Montagmorgen geliefert. Bestellungen sind in Sechserschritten möglich – bestellen Sie nur 6 Bauklötze, steigt Ihr Preis um eine Stufe, bestellen Sie 12 Klötze, bleibt er gleich, bestellen Sie 18 Klötze, sinkt Ihr Preis um eine Stufe. Ihre Lagerkapazität ist aber auf 21 Klötze beschränkt. Tragen Sie Ihre Bestellmenge, die gelieferte Menge, Ihren neuen Lagerbestand und Ihren neuen Preis in der Verkaufstabelle ein. Legen Sie die neue Preiskarte vor sich aus.
4. **Kunden vergraulen:** Wenn Sie den auf Sie entfallenden Umsatz an einem Tag aus Ihrem Lager nicht bedienen können, sind Ihre Kunden verstimmt. Zur Strafe steigt Ihr Preis um zwei Stufen. Können Sie an den folgenden Tagen wieder nicht liefern, steigt er jeden Tag um eine weitere Stufe. Tragen Sie die neue Preisstufe für den nächsten Tag in Ihre Verkaufstabelle ein und legen Sie die neue Karte vor sich aus.
5. **Zentrale Preisänderungen:** Ihr Zentrallager kann Bauklötze in größeren Mengen zu günstigeren Preisen beziehen. Auch dadurch schwankt Ihr Preis. Sie erhalten mit Ihren Lieferungen Preismitteilungen, wenn Sie Ihren Preis um eine Stufe anheben oder senken müssen. Tragen Sie die neuen Preisstufe in Ihrer Verkaufstabelle ein und legen Sie die neue Karte vor sich aus.

Verkaufsliste

Unternehmen: ....

Region: ....

Woche		Anfangsbestand	Mo	Di	Mi	Do	Fr	Verk.-Summe	Endbestand	Bestellung	Lieferung	Neuer Bestand
1	Preis											
	Verkauf											
2	Preis											
	Verkauf											
3	Preis											
	Verkauf											
4	Preis											
	Verkauf											
5	Preis											
	Verkauf											

Lagerliste Zentrale von ....

Woche	Anfangsbestand	Bestellung	Lieferung	Preisänderung	Zwischenbestand	Nord	Ost	Süd	West	Summe	Endbestand
1											
2											
3											
4											
5											

Literaturverzeichnis

D. Dobiéy, J.J. Wargin: Management of Change – Kontinuierlicher Wandel in der digitalen Ökonomie, Bonn: Galileo Press 2001

Die beiden Hewlett-Packard-Mitarbeiter Dobiéy und Wargin stellen den Menschen in den Mittelpunkt des Wandels in der digitalen Ökonomie. Sie liefern verschiedene Konzepte und Strategien, mit denen Akzeptanz für Veränderungen geschaffen wird, aber auch veränderte Rollen kommuniziert oder neues Führungsverhalten etabliert werden können.

K.Doppler, C.Lauterburg: Change Management. Den Unternehmenswandel gestalten, Frankfurt am Main, New York: Campus, 11. Auflage 2005

Klaus Doppler und Christoph Lauterburg haben hier einen Klassiker geschrieben, der mittlerweile auch um das Thema Geschäftsprozessoptimierung erweitert ist. Vor allem die praktischen Werkzeuge und Konzepte zum Thema Widerstand und Barrieren bei Veränderungsprojekten waren für unser Buch sehr nützlich. Sehr empfehlenswert!

G. Fischermanns: Praxishandbuch Prozessmanagement,
Gießen: Verlag Dr. Götz Schmidt, 6. Auflage, 2006.

Schritt für Schritt erklärt der Unternehmensberater, wie das Organisieren von Prozessen funktioniert. Alle relevanten Methoden und Werkzeuge werden praxisnah erklärt.

T.Füermann, C. Dammasch: Prozessmanagement: Anleitung zur Steigerung der Wertschöpfung, München, Wien: Hanser, 2. Auflage 2002

Timo Füermann und Carsten Dammasch zeigen in dem Pocket Powerbuch 15 Schritte zum Prozessmanagement. Ergänzt wird der Prozessmanagement-Werkzeugkasten mit Beispielen aus der Praxis, Hinweisen und Tipps.

M. Hammer, J. Champy: Business Reengineering: Die Radikalkur für das Unternehmen, Franfurt am Main, New York: Campus, 7. Auflage 2003

Das Lehrbuch zum Thema und das Buch, das Business Reengineering ins Rollen brachte. Hier finden Sie auch das Beispiel Pampers und Wal-Mart. Mittlerweile in der 7. Auflage bei Campus erschienen.

M. Hammer: Das prozesszentrierte Unternehmen. Die Arbeitswelt nach dem Reengineering , München: Heyne 1999.

Dieses Buch ist eher als ein Lesebuch zu verstehen, es geht nicht um Businees Reengineering und wie man es erfolgreich implementiert, sondern um dessen Konsequenzen und seine Nachwirkungen.

H. James Harrington, H. van Nimwegen, E.K.C. Esseling: Business Process Improvement Workbook, New York: McGraw-Hill 1997

Dieses Buch steckt voller praktischer Anleitungen für die Analyse und das Design von administrativen Geschäftsprozessen. Es schildert sehr viele Methoden, die sofort umsetzbar sind. Unser viertes Kapitel zieht sehr viel aus diesem Werk. Die sehr übersichtliche Gliederung macht das Buch gut verständlich. In den Anwendungen erscheint es uns manchmal etwas zu technisch orientiert. Damit meinen wir weniger DV-Technisch (das steht sehr im Hintergrund), sondern tabellen- und formularlastig. Es könnte zu Aktivismus im Projekt führen, wenn man meint, man müsse nur alle diese Formulare und Diagramme verwenden, dann wäre der Prozess schon gut analysiert. Also: Es ist ein Kochbuch, das aber nicht kritiklos nachgekocht werden will.

Horváth & Partners (Hrsg.): Prozessmanagement umsetzen – Durch nachhaltige Prozessperformance Umsatz steigern und Kosten senken, Stuttgart: Schäffer-Poeschel Verlag 2005.

Die Autoren stellen den Bezug zur Unternehmensstrategie über die Balanced Scorecard und zur Prozesskostenrechnung dar. Sie bieten einen differenzierten Blick auf das Prozessmanagement aus Sicht des Controlling.

S. Jablonski (Hg.): Workflow-Management: Entwicklung von Anwendungen und Systemen. Facetten einer neuen Technologie. Heidelberg: dpunkt 1997

Das Buch von Jablonski, Böhm und Schulze stellt ein sehr gutes theoretisches Konzept über Workflow-Management-Lösungen dar. Die Darstellung des Prozesses nach fünf Aspekten ist aus diesem Buch entnommen. Sehr hohes Abstraktionsniveau (zum Teil weit in den Bereich der Linguistik) – es bietet dennoch sehr praktische Orientierungshilfen, weil Sie in jedem Projekt Ihre fünf Aspekte „abklopfen" können und damit eine umfassende Information über den Prozess, seine Probleme und Lösungsansätze haben.

C. Kostka, A. Mönch: Change Management: 7 Methoden für die Gestaltung von Veränderungsprozessen, München, Wien: Hanser, 3. Auflage 2005.

Das Autorenteam Kostka/Mönch beschreiben ganz im Stil der Pocket Powerreihe knapp, präzise und praxisnah einige Methoden für Change-Management-Projekte. Auch dem Prozessmanagement ist ein kleines Kapitel gewidmet.

G. Lehmann: Das Interview, Erheben von Fakten und Meinungen im Unternehmen, Renningen:expert verlag 2001.

Das Büchlein ist ein Leitfaden für Fach- und Führungskräfte und zeigt, wie ein Interview vorbereitet, durchgeführt und ausgewertet wird. Eine gute Mischung aus Theorie und Praxis.

U. Lipp, H. Will: Das große Workshop-Buch, Weinheim, Basel: Beltz, 8. Auflage 2008

Mit dem Werkzeugkasten von Ulrich Lipp und Hermann Will können Sie sich systematisch Arbeitstechniken für erfolgreiche Workshops und Meetings aneignen. Sehr zu empfehlen!

H. J. Schmelzer, W. Sesselmann: Geschäftsprozessmanagement in der Praxis, München, Wien: Hanser, 6. Aufl. 2007

Das Autorenteam Schmelzer und Sesselmann beschreibt als erfahrene Siemens-Manager, wie „Geschäftsprozessmanagement" im Unternehmen erfolgreich eingeführt wird. Die beiden Autoren heben dabei völlig zu Recht die enge Beziehung zum Qualitätsmanagement hervor.

J. Schwab: Geschäftsprozessmanagement mit Visio, ViFlow und MS Project, Hamburg: Hanser, 2. Aufl. 2005

Guter Einstieg in die Modellierungspraxis mit den entsprechenden Tools. Der Autor zeigt, wie Geschäftsabläufe mit den PC-Programmen MS Visio und dem Zusatzprogramm ViFlow übersichtlich strukturiert und dargestellt werden können. Auf 2 CD-ROMs gibt es Beispiele und Übungen zum selbst probieren.

D. Seifert: Collaborative Planning Forecasting and Replenishment: Supply Chain Management der nächsten Generation, Bonn: Galileo Press 2002.

Das Buch lieferte uns weiteren theoretischen Background für unser Planspiel. Es zeigt, wie Unternehmen Effizienzpotenziale in der Lieferkette ausschöpfen können. Seifert erklärt, wie innerhalb einer Lieferkette Marketing-, Produktions- und Vertriebsprozesse unternehmensübergreifend integriert werden können.

Artikel und Zeitschriften

M. Hoffmann, Th. Herrmann: Verbesserung von Geschäftsprozessen und Einführung von Workflow-Management mit arbeitspsychologischen Kennzahlen. In Zeitschrift für Arbeitswissenschaft (ZfA) 52. Jg. (1998) Heft 3, S. 187-193.

M. Cierjacks, R. Menzel: Prozessorientierte Qualitätsmanagement-Systeme für kleinere und mittlere Unternehmen, in: Mannheimer Beiträge 2/97, S. 45-59.

In der Zeitschrift Harvard Businessmanager finden Sie regelmäßig Artikel und Best Practices zum Thema Prozessmanagement, Business Reengineering und Change-Management.

Linktipps

http://business-wissen.de.de
Das Managementportal ist sozusagen der Geburtshelfer dieses Buches: „Learning on the job“ steht als Idee hinter der Wissensplattform www.business-wissen.de. Mitarbeiter, Manager und Geschäftsführer von Unternehmen finden hier konkrete Know-how-Werkzeuge zur Implementierung und Verbesserung von Unternehmensstrategie, Controlling, Personalführung und Organisation. Ein wöchentlicher Newsletter informiert über Aktuelles aus Wissenschaft, Forschung und Weiterbildung. Außerdem profitieren die Nutzer von Checklisten, Lernbausteinen und Folienvorlagen, die zeit- und kosteneffizient über das Internet verfügbar sind. Wer an der Entwicklung individueller Lösungen interessiert ist und mehr lernen möchte, kann an diversen von Experten betreuten Online-Kursen teilnehmen. Die Plattform hat mittlerweile mehr als 50.000 Mitglieder, rund 130.000 Besucher pro Monat und 30.000 Newsletter-Empfänger (Stand Februar 2008).

http://mwonline.de/
Eine wahre Fundgrube zum Thema Personal und Organisation ist die Seite Management-Wissen online. Zusammenfassungen und Bewertungen aller relevanten Managementartikel, eine Ideenfabrik, viele nützliche Know-how-Werkzeuge für die Arbeit. Mittlerweile bedanken sich zufriedene Leser mit eigenen Beiträgen: „Die Idee des praktizierten **Wissensmanagements** lebt“, freuen sich die Macher zu Recht.

http://www.competence-site.de/gpm.nsf/
Auf der Competence Site gibt es ein Competence Center zum Thema Geschäftsprozessmanagement. Hier finden Sie Artikel, Vorträge und Diskussionsbeiträge zum Thema.

http://www.bpm-guide.de
Auf der Plattform finden Sie Fachbeiträge und Rezensionen zu Business Process Management und Workflow-Management, außerdem aktuelle Studien und Informationen zu BPM-Softwaretools.

http://www.change-management.com
Die englischsprachige Website bietet eine Fülle von Fachartikeln zum Thema Change-Management, außerdem Tutorials, Buch- und Linktipps.

http://www.umsetzungsberatung.de/lexikon/lexikon-change-management-a-d.php
Auf der Website dieser Unternehmensberater finden Sie ein Lexikon des Change-Management – von A wie Ablaufoptimierung bis Z wie Zielkonsens.